高等职业教育铁道运输类新形态一体化系列教材

# 网络系统建设与运维

郑　华◎主编
朴春慧◎主审

中国铁道出版社有限公司

2024年·北京

## 内 容 简 介

本书为高等职业教育铁道运输类新形态一体化系列教材之一。全书以项目实训为组织形式，全面介绍了当下主流的数据通信技术与相关标准，共分三篇，即入门篇、提高篇、深入篇，分别对应《网络系统建设与运维》职业技能等级标准的初级、中级、高级。每一篇由 13 个独立的项目组成，逐个强化认知。

本书为职业院校计算机应用技术、计算机网络技术、现代通信技术、现代移动通信技术及铁道通信与信息化技术专业的教材，也可作为通信领域成人继续教育或现场工程技术人员的培训教材或参考资料。

**图书在版编目（CIP）数据**

网络系统建设与运维/郑华主编. —北京：中国铁道出版社
有限公司,2024.3
高等职业教育铁道运输类新形态一体化系列教材
ISBN 978-7-113-30859-9

Ⅰ.①网… Ⅱ.①郑… Ⅲ.①计算机网络-网络系统-教材
Ⅳ.①TP393.03

中国国家版本馆 CIP 数据核字(2024)第 036566 号

书　　名：网络系统建设与运维
作　　者：郑　华

策　　划：陈美玲
责任编辑：吕继函　　　编辑部电话：(010)51873205　　　电子邮箱：312705696@qq.com
编辑助理：石华琨
封面设计：刘　莎
责任校对：安海燕
责任印制：高春晓

出版发行：中国铁道出版社有限公司(100054,北京市西城区右安门西街 8 号)
网　　址：http://www.tdpress.com
印　　刷：北京联兴盛业印刷股份有限公司
版　　次：2024 年 3 月第 1 版　　2024 年 3 月第 1 次印刷
开　　本：787 mm×1 092 mm　1/16　印张：14.5　字数：362 千
书　　号：ISBN 978-7-113-30859-9
定　　价：49.00 元

# 前　言

　　自 1969 年 ARPANET 互联网络诞生以来,计算机网络的普及应用突飞猛进,相关的技术标准日新月异,很多标准刚刚诞生就被淘汰了(比如 IEEE 802 委员会制定的十多个标准中,只有 IEEE 802.3 和 IEEE 802.11 标准沿用至今),有些技术甚至完全是颠覆性的(比如 ATM 也曾被认为是未来宽带互联网络的解决方案,现在已被淘汰)。这使得计算机网络相关的技术呈现断档式、阶梯式的发展,前后没有强关联关系,这与数学、物理等逻辑性很强的学科有着很大的不同。如何有效地理解并掌握这些相对零散独立、逻辑关联不强的知识岛? 编者认为,通过独立项目,逐个强化认知是一种有效手段,这也是本书采用这种体系结构的原因。

　　本书以自主知识产权、建设新一代国家网络基础设施为主旨,围绕网络系统建设与运维职业技能等级证书标准,以华为数通 HCIA、HCIP 工程师认证为主线,以企业网络模拟平台(enterprise network simulation platform,eNSP)为平台,以项目实训为组织形式,全面介绍了当下主流的数据通信技术与相关标准。全书共分三篇:入门篇、提高篇、深入篇,分别对应网络系统建设与运维职业技能等级标准的初级、中级、高级。每一篇由 13 个独立项目组成,主要内容包括 RIP、OSPF、ISIS、BGP、DHCP、Route -Policy、Multicast、STP、IPsec、GRE、IPv6、WLAN、Firewall、QoS 等。

　　书中多数项目由网络拓扑图、环境与设备要求、认知与配置过程、测试并验证结果、项目小结(或知识拓展)五部分组成。个别项目略有不同,但总体思路上全书未过多地讲解理论、解释原因,只希望读者能够学着做完并达成目标,先有直观体验,了解这个技术解决了什么问题,大概的解决思路是怎样的,所有的理论和拓展知识都会在项目小结(或知识拓展)中进行说明,这也符合职业教育项目导向、实践引领的教学要求。每个项目的最后设置有项目小结或知识拓展,根据学生需掌握的程度进行了灵活设置。

为巩固和提升学习效果,每一个项目都配有相关的课后练习题,以"测试并验证结果"的模块设置,通过练习可用巩固复习知识、检验学习效果。

本书由石家庄铁路职业技术学院团队编写完成,郑华任主编,齐会娟、温洪念、樊雯参加编写,石家庄铁道大学朴春慧任主审。其中,齐会娟编写了第一篇项目一至项目四;温洪念编写了第一篇项目五至项目八;樊雯编写了第一篇项目九至项目十三;郑华编写了第二篇和第三篇。

由于编者水平有限,书中难免有疏漏与不妥之处,诚望广大读者批评指正。

作　者

2023 年 11 月

# 目　录

# 第一篇

# 入门篇

# 项目一
# 超 5 类双绞线跳线的制作

双绞线跳线的制作是网络工程师最基础、最基本的技能,是组建现代以太网的必备环节,应该熟练掌握。本项目介绍跳线制作过程中的常用工具、基本步骤和注意事项。

 学习目标

1. 理解以太网的工作原理。
2. 掌握超 5 类双绞线直连式和跨连式跳线的制作方法。

## 一、网络拓扑图

简单的以太网拓扑如图 1.1.1 所示。

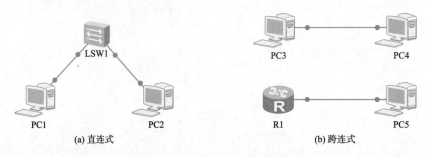

图 1.1.1　简单以太网的组建

## 二、环境与设备要求

(1)超 5 类非屏蔽双绞线若干。
(2)RJ-45 头若干。
(3)双绞线专用压线钳。
(4)双绞线专用 FLUKE 测试仪。

## 三、认知与配置过程

(1)认识 RJ-45 头(也称为水晶头),RJ-45 头上共有 8 个引脚,对于网卡来说,1 号、2 号引脚用于发送数据;3 号、6 号引脚用于接收数据,交换机的引脚定义正好与之相反。在速率为 10 Mbit/s、100 Mbit/s 的以太网中,4 号、5 号、7 号、8 号引脚没有定义,但在速率为 1 000 Mbit/s 以上的以太网中它们是有定义的,因此,如果考虑到网络的速率将来会升级到 1 000 Mbit/s,那么 8 个引脚都要连接好。超 5 类双绞线线芯如图 1.1.2 所示。

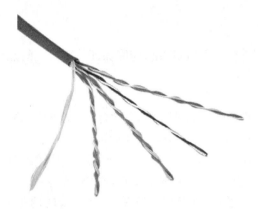

图 1.1.2 超 5 类双绞线线芯实物图

　　(2)用双绞线专用压线钳将双绞线外皮剥去 1.5 cm 左右,并按 T568B 的顺序将 8 根线芯排列好(图 1.1.3)。T568B 的排列顺序为:白橙、橙、白绿、蓝、白蓝、绿、白棕、棕。

　　(3)用双绞线专用压线钳将 8 根线芯头部剪齐,保留线芯长度为 1 cm 左右。

　　(4)将 RJ-45 头的平面朝上,将 8 根线芯插入线槽中,请注意,8 根线芯应尽量顶到 RJ-45 头的另一端顶部(从顶部应该能清晰地看见 8 根铜线),同时双绞线的外皮也应该插入到 RJ-45 头中,用双绞线专用压线钳将接头尽量压紧,保证 RJ-45 头的 8 根针与双绞线的 8 根线芯紧密接触,并且双绞线的外皮也被压实,如图 1.1.4 所示。

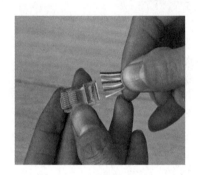

图 1.1.3 超 5 类双绞线与 RJ-45 头的连接

图 1.1.4 压线钳的使用

　　(5)以同样的方法将另一个 RJ-45 头接在双绞线的另一端。

　　(6)用双绞线专用测试仪测试双绞线的每一路线是否都正确连通,如图 1.1.5 所示。

图 1.1.5 超 5 类双绞线连通性测试

## 四、测试并验证结果

使用刚制作好的跳线,连入相应的网络,应能保证计算机之间能够正常通信。

## 五、知识拓展

由于 RJ-45 头是一次性的产品,如果制作失败(测试结果不通),只有剪断重做,所以在压实之前务必仔细检查两头的连接情况,确认无误后再动手压线。

如果出现测试不通的情况,不要急于剪断重做,可以用压线钳将两头的 RJ-45 头重新按压,或者换一把压线钳重新按压,然后再做一次连通性测试。

在一些老旧设备的联网过程中(典型的情况如:双绞线的两头分别用于连接两台计算机或者用于路由器和计算机等),应采用跨接法,即一端采用 T568B 顺序,另一端采用 T568A 顺序,T568A 顺序只是将 T568B 的 1 号、3 号线对调,2 号、6 号线对调,如图 1.1.6 所示。

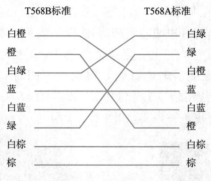

图 1.1.6　超 5 类双绞线跨接示意图

# 项目二
# 简单路由与交换网络的配置

本书所有的实验都在 eNSP 平台下进行，eNSP 是一款可扩展的、图形化操作的网络仿真工具平台，主要对企业网络路由器、交换机进行软件仿真，能够完美地呈现真实设备实景，支持大型网络模拟。本书以 eNSP 平台的 v1.3.00.100 版本为例介绍，eNSP 的主界面如图 1.2.1 所示。

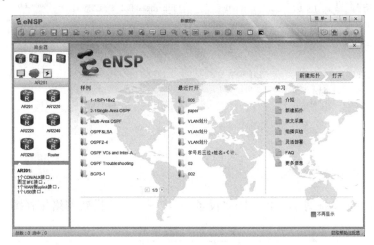

图 1.2.1　eNSP 主界面

eNSP 的一些常用命令及它与 Cisco Packet Tracer 模拟器的对比见表 1.2.1。

表 1.2.1　eNSP 与 Cisco Packet Tracer 的一些常用命令对比

| eNSP 命令 | Cisco Packet Tracer 命令 | 功　　能 |
| --- | --- | --- |
| system-view | enable | 从用户模式切换到系统配置模式 |
| display | show | 显示相关信息 |
| undo | no | 执行与命令相反的操作 |
| quit | exit | 退回上一层配置模式 |
| sysname | hostname | 更改设备的名称 |
| interface | interface | 创建或进入某接口 |
| ip address | ip address | 配置三层口的 IP 地址 |

在开启网络系统建设与运维这趟旅程之前，我们先学习一个基础的路由交换网络实验，了解以太网的基本网络拓扑结构，清楚什么叫路由，什么是交换，它们的应用场景都是怎样

的,同时也掌握 IP 路由表、MAC 地址表等一些基础的网络知识。

**学习目标**

1. 掌握利用 eNSP 进行组网的方法。
2. 掌握基本的交换、路由、计算机配置与测试方法。
3. 掌握 eNSP 的一些常用配置技巧。

## 一、网络拓扑图

路由与交换配置基础如图 1.2.2 所示。

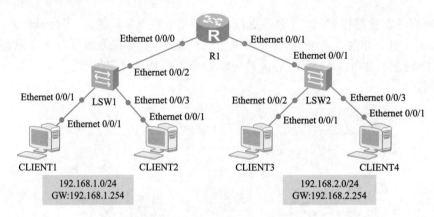

图 1.2.2 路由与交换配置基础

## 二、环境与设备要求

(1)按表 1.2.2 设备清单准备好网络设备,并依图 1.2.2 搭建网络拓扑图。

表 1.2.2 设备清单

| 设 备 | 型 号 | 数 量 |
|---|---|---|
| 路由器 | Router | 1 |
| 交换机 | S3700 | 2 |
| 计算机 | PC | 4 |

(2)为计算机和相关接口配置 IP 地址,见表 1.2.3。

表 1.2.3 设备配置清单

| 设 备 | 连接端口 | IP 地址 | 子网掩码 | 网 关 |
|---|---|---|---|---|
| CLIENT1 | LSW1 E0/0/1 | 192.168.1.1 | 255.255.255.0 | 192.168.1.254 |
| CLIENT2 | LSW1 E0/0/3 | 192.168.1.2 | 255.255.255.0 | 192.168.1.254 |
| CLIENT3 | LSW2 E0/0/2 | 192.168.2.1 | 255.255.255.0 | 192.168.2.254 |
| CLIENT4 | LSW2 E0/0/3 | 192.168.2.2 | 255.255.255.0 | 192.168.2.254 |
| R1 E0/0/0 | LSW1 E0/0/2 | 192.168.1.254 | 255.255.255.0 | — |
| R1 E0/0/1 | LSW2 E0/0/1 | 192.168.2.254 | 255.255.255.0 | — |

（3）四台计算机之间均可 ping 通。

### 三、认知与配置过程

#### （一）为计算机配置 IP 地址

用鼠标双击"CLIENT1"，在弹出的界面中配置静态 IP 地址，如图 1.2.3 所示，其他计算机的 IP 配置与此类同。

**注意**：配置完成后，单击对话框右下角的"应用"按钮保存数据。

图 1.2.3　为计算机配置静态 IP 地址

#### （二）为路由器配置接口 IP 地址

用鼠标双击"R1"，并在配置界面中依次进行如下配置。

```
<Huawei> system-view                              //进入系统视图
[Huawei]sysname R1                                //设备更名
[R1]interface Ethernet 0/0/0                       //进入接口视图
[R1-Ethernet0/0/0]ip addr 192.168.1.254 24         //配置 IP 地址
[R1-Ethernet0/0/0]quit                             //退出当前视图
[R1]interface Ethernet 0/0/1
[R1-Ethernet0/0/1]ip address 192.168.2.254 24
[R1-Ethernet0/0/1]quit
[R1]quit
<R1> save                                          //保存设备配置
The current configuration will be written to the device.
Are you sure to continue? [Y/N]y                   //确认保存
Now saving the current configuration to the slot 17.
Mar 6 2023 09:18:33-08:00 R1 %% 01CFM/4/SAVE(l)[0]:The user chose Y when deciding whether
to save the configuration to the device.
Save the configuration successfully.
```

**注意**:在配置过程中,VRP系统可能会弹出一些提示信息,可直接按"TAB"键跳过这些提示信息,继续往下配置。

## 四、测试并验证结果

测试4台PC机之间能否正常通信,见表1.2.4。

表1.2.4　测试清单

| 测试案例 | 测试命令 | 测试结果 |
|---|---|---|
| PC1 ping PC2 | Ping 192.168.1.2 | 通 |
| PC1 ping PC3 | Ping 192.168.2.1 | 通 |
| PC1 ping PC4 | Ping 192.168.2.2 | 通 |

## 五、项目小结与知识拓展

实训过程中,如果出现PC1和PC2可以正常通信,但PC1和PC3、PC4之间不能通信的问题,一般是因为路由器的配置错误导致的,请检查R1的配置。

在"LSW1"和"LSW2"上输入命令"display mac-address"查看交换机的MAC地址表,并尝试理解。

在"R1"上输入命令"display ip routing-table"查看路由器的IP路由表,并尝试理解。

由于VRP系统提供的配置命令很多,而且特定的命令需要在特定的视图下执行,因此掌握一些常用的配置技巧是非常重要的,能大大地提高工作效率,一些常用的配置技巧见表1.2.5。

表1.2.5　eNSP配置技巧与常用命令

| 命令技巧 | 使用说明 |
|---|---|
| ? | 使用"?"可以快速地得到帮助,如:<br><R1>? --查看在路由器的用户视图下有哪些可以使用的命令。<br>[R1]interface ? --查看路由器具有哪些可用的接口 |
| 命令简化 | 所有的配置命令都可以简化,简化的程度以不和其他命令冲突为标准,如"<R1>system-view"命令可以简化为"<R1>sy",但不能简化成"<R1>s",因为以"s"开头的命令还有"save""send""startup"等,这会产生歧义 |
| Tab | 使用"Tab"键可以补全命令行,如:<br>在输入命令"[R1]int"之后按下"Tab"键,系统会自动将命令行补全为"[R1]interface",在有多个类似命令的情况下,"Tab"键能快速地在多个命令之间切换,非常实用 |
| display current-configuration | 查看当前设备正在运行的所有配置,可以简写为"dis cur"。<br>在设备配置较多的情况下,可以使用该命令列出所有配置,以便快速检查可能存在的错误 |
| display this | 查看当前视图下已经生效的配置。<br>一般用于立即验证之前做所的配置,确保无误 |
| display ip interface brief | 查看当前设备所有三层口的IP配置情况及接口状态 |
| display port vlan | 查看交换机端口类型及其与VLAN间的对应关系 |
| quit | 退回上一层视图,也可以使用"return",两者等效 |
| Ctrl+Z | 直接退回至用户视图 |

续上表

| 命令技巧 | 使用说明 |
| --- | --- |
| save | 保存设备配置,只能在用户视图下使用 |
| undo | 删除相关配置,如"undo ip address 192.168.1.1 24" |
| reset saved-configuration | 删除保存的配置,在设备配置混乱不清时,可使用此命令清空所有配置 |
| reboot | 重启设备,系统首先会提示是否需要保存当前配置(Y/N),之后会提示是否确认要重启设备(Y/N) |

# 项目三
# 交换机/路由器 Telnet 配置

网络设备(路由器、交换机等)采购到位后,一般需要经过适当的配置才能上线运行,但这类设备即无显示器、又不能连接键盘鼠标,如何对他进行管理呢? 本项目介绍了网络设备的初次配置方法,以及正常上线运行后的远程 Telnet 管理方法,大多数现网运行的老旧设备都在通过 telnet 的方式进行远程管理。

## 学习目标

1. 掌握交换机/路由器的本地与远程配置方法。
2. 掌握交换机/路由器的 Telnet 配置。

## 一、网络拓扑图

交换机/路由器的 Telnet 配置如图 1.3.1 所示。

图 1.3.1 交换机/路由器的 Telnet 配置

## 二、环境与设备要求

(1)按表 1.3.1 所列清单准备好网络设备,并依图 1.3.1 搭建网络拓扑图。

表 1.3.1 设备清单

| 设　　备 | 型　　号 | 数　　量 |
|---|---|---|
| 路由器 | Router | 2 |
| 计算机(选做) | PC | 1 |

(2)按表 1.3.2 设备配置清单,为计算机和相关接口配置 IP 地址。

表 1.3.2 设备配置清单

| 设　　备 | 连接端口 | IP 地址 | 子网掩码 | 网　　关 |
|---|---|---|---|---|
| R1 E0/0/0 | R2 E0/0/0 | 10.0.12.1 | 255.255.255.0 | — |
| R2 E0/0/0 | R1 E0/0/0 | 10.0.12.2 | 255.255.255.0 | — |
| PC1(选做) | R1 E0/0/1 | 192.168.1.1 | 255.255.255.0 | 192.168.1.254 |
| R1 E0/0/1(选做) | PC1 | 192.168.1.254 | 255.255.255.0 | — |

（3）计算机的 RS-232C 接口与路由器的 console 口连接（选做）。

（4）使用 Windows 系统自带的超级终端或其他串口程序（如 putty）访问路由器（选做）。

（5）能够对交换机/路由器进行本地或远程管理。

### 三、认知与配置过程

#### （一）认识超级终端程序（选做）

交换机和路由器的初次配置必须使用超级终端程序，通过 console 线进行配置，计算机端的串口一般配置为"9600,8,n,1"，即 9600 的波特率，8 位数据位，不用奇偶校验，1 位的停止位，这种配置方法不占用交换机的网络带宽，我们称之为"带外配置"。经过适当的配置后（绑定管理 IP、启动 Telnet 或 Web 服务等），计算机就可以通过网络进行远程配置了，这种配置方法需要占用交换机的网络带宽，我们称之为"带内配置"。

#### （二）掌握交换机/路由器的几种常用视图

根据配置内容的不同，交换机/路由器可分为多种配置视图，每种视图下都有不同的命令，完成特定的网络配置，几种常用视图之间的层次关系和切换命令见表 1.3.3。

表 1.3.3　eNSP 配置视图及切换命令

| 视　　图 | 提示符 | 进入下一级的命令 |
| --- | --- | --- |
| 用户视图 | ＜Huawei＞ | ＜Huawei＞system-view |
| 系统视图 | ［Huawei］ | 按需而定 |
| 接口视图 | ［Huawei-Ethernet0/0/1］ | 无 |
| VLAN 视图 | ［Huawei-vlan1］ | 无 |

#### （三）配置交换机/路由器 Telnet 远程管理

通过 console 口进行交换机的配置要求管理员到现场操作，在实践中面临很多不便，所以除首次配置外，后期的管理一般都通过网络进行远程配置，Telnet 就是其中最简单、最常用的一种远程管理方式。

远程管理面临的首要问题是安全问题，需要防止非法的用户对设备实施恶意攻击，VRP 系统提供了两种 Telnet 授权模式，一是密码认证，二是 AAA（Authentication、Authorization、Accounting）认证。下面以在 R1 上开启 Telnet 服务并在 R2 上进行远程登录为例进行实训。

（1）为 R1 和 R2 更名并配置接口 IP 地址。

配置 R1：

```
<Huawei> system-view
[Huawei]sysname R1
[R1]interface Ethernet 0/0/0
[R1-Ethernet0/0/0]ip address 10.0.12.1 24
[R1-Ethernet0/0/0]quit
[R1]
```

配置 R2：

```
<Huawei> system-view
```

```
[Huawei]sysname R2
[R2]interface Ethernet 0/0/0
[R2-Ethernet0/0/0]ip address 10.0.12.2 24
[R2-Ethernet0/0/0]quit
[R2]
```

（2）测试 R1 和 R2 之间的连通性。

```
[R1]ping 10.0.12.2
  PING 10.0.12.2: 56   data bytes, press CTRL_C to break
    Reply from 10.0.12.2: bytes=56   Sequence=1   ttl=255   time=130 ms
    Reply from 10.0.12.2: bytes=56   Sequence=2   ttl=255   time=50 ms
    Reply from 10.0.12.2: bytes=56   Sequence=3   ttl=255   time=50 ms
    Reply from 10.0.12.2: bytes=56   Sequence=4   ttl=255   time=20 ms
    Reply from 10.0.12.2: bytes=56   Sequence=5   ttl=255   time=40 ms

  --- 10.0.12.2 ping statistics ---
    5 packet(s) transmitted
    5 packet(s) received
    0.00%  packet loss
    round-trip min/avg/max = 20/58/130 ms
```

（3）在 R1 上开启 Telnet 服务。

```
[R1]telnet server enable
```

**注意：**此设备默认是开启 Telnet 服务的，因此该步骤可以省略。

（4）在 R1 上进行虚拟终端的配置，并设置 telnet 明文密码认证。

```
[R1]user-interface vty 0 4
[R1-ui-vty0-4]authentication-mode password
[R1-ui-vty0-4]set authentication password simple hw
[R1-ui-vty0-4]user privilege level 3
[R1-ui-vty0-4]protocol inbound telnet
```

**说明：**

①user-interface 是指用户界面，vty 全称为 virtual teletype terminal，指虚拟终端，0 是初始值，4 是结束值，表示可同时打开 5 个会话。

②authentication-mode 命令共有 3 个可选参数，分别是：aaa、none、password，但 none 参数在实践中是不可用的。

③set authentication password 命令共有 2 个可选参数，分别是 cipher 和 simple，前者表示密码用密文，后者表示密码用明文。

④user privilege level 命令用于设置用户的权限级别，默认的级别如下：

0：参观级，如 ping、tracert、telnet、rsh、super、language-mode、display、quit；

1：监控级，如：msdp-tracert、mtracert、reboot、reset、send、terminal、undo、upgrade、debugging；

2：系统级，含所有的配置命令（管理级的命令除外）；

3：管理级，3 以上的级别，权限默认都是相同的，但可以通过 command-privilege 命令修改命令的级别，从而实现一些特殊的需求，如：

- command-privilege level 4 view shell save：授权 level 4 在用户视图下可以使用 save 命令；
- command-privilege level 3 view system interface：授权 level 3 在系统视图下可以进入 interface 接口。

⑤protocol inbound 命令共有 3 个可选参数，分别是：all、ssh、telnet，最新版本的 VRP 系统默认为 ssh，需要手动修改为 telnet，否则不能通过 telnet 登录设备。

（5）在 R1 上进行虚拟终端的配置，并设置 aaa 认证［步骤（5）和步骤（4）是二选一的关系，不能同时配置］。

```
[R1]user-interface vty 0 4
[R1-ui-vty0-4]authentication-modeaaa
[R1-ui-vty0-4]user privilege level 3
[R1-ui-vty0-4]protocol inbound telnet
[R1-ui-vty0-4]quit
[R1]aaa
[R1-aaa]local-user hw password cipher abc privilege level 3
[R1-aaa]local-user hw service-type telnet
```

最后两条命令定义了用户 hw，密码为 abc，用户类型为 telnet。

（6）在 R2 上通过 Telnet 登录 R1。

```
<R2> telnet 10. 0. 12. 1
Trying 10. 0. 12. 1 . . .
Press CTRL +K to abort
Connected to 10. 0. 12. 1 . . .
Login authentication
Username:hw
Password:
Info: The max number of VTY users is 10, and the number
     of current VTY users on line is 1.
     The current login time is 2023-03-06 13:08:03.
<R1>
```

至此，完成了在 R2 上通过 Telnet 程序登录 R1。

## 四、测试并验证结果

在 R2 上对 R1 进行相应配置，比如为 R1 的 Loopback 0 接口定义 IP 地址。

```
<R2> telnet 10. 0. 12. 1
Trying 10. 0. 12. 1 . . .
Press CTRL +K to abort
Connected to 10. 0. 12. 1 . . .
Login authentication
Username:hw
Password:
Info: The max number of VTY users is 10, and the number
     of current VTY users on line is 1.
     The current login time is 2023-03-06 13:14:33.
<R1>
<R1> sys
```

```
Enter system view, return user view with Ctrl+ Z.
[R1]int LoopBack 0
[R1-LoopBack0]ip addr 1. 1. 1. 1 32
R1-LoopBack0]quit
[R1]q
<R1> sa
The current configuration will be written to the device.
Are you sure to continue? [Y/N]y
Info: Please input the file name ( * . cfg, * . zip ) [vrpcfg. zip]:
Now saving the current configuration to the slot 17..
Save the configuration successfully.
<R1>
```

## 五、项目小结与知识拓展

　　熟练掌握交换机的命令使用技巧是网络管理员的基本素质之一,掌握了这些技巧,遇到问题时就不会手足无措,就能够根据提示一步步发现并解决问题。

　　对于交换机来说,由于不能在二层口上配置 IP 地址,所以一般使用 VLAN 1 作为交换机的管理接口,可以在 VLANIF 1 上配置 IP 地址。

　　通过 Telnet 远程登录交换机/路由器有一个前提条件,那就是必须要保证 IP 路由是可达的,因此在实训之前,一般应先用 ping 命令做一个连通性的测试。

# 项目四
# 交换机/路由器 SSH 配置

网络设备(路由器、交换机等)的 Telnet 管理方式存在一定的安全隐患,因为用户名/密码等关键信息会直接在网络上进行传输,有可能会被恶意用户窃取。因此,近 10 年来新出厂的网络设备,其默认的管理方式已经从过去的 Telnet 切换为现在的 SSH。SSH 是一个基于公钥机制的网络安全协议,本项目介绍 SSH 远程登录的工作原理和配置方法。

**学习目标**

1. 掌握交换机/路由器的本地与远程配置方法。
2. 掌握交换机/路由器的 SSH 配置。

## 一、网络拓扑图

交换机/路由器的 SSH 配置如图 1.4.1 所示。

图 1.4.1 交换机/路由器的 SSH 配置

## 二、环境与设备要求

(1)按表 1.4.1 所列清单准备好网络设备,并依图 1.4.1 搭建网络拓扑图。

表 1.4.1 设备清单

| 设 备 | 型 号 | 数 量 |
|---|---|---|
| 路由器 | AR3260 | 2 |

(2)按表 1.4.2 设备配置清单,为计算机和相关接口配置 IP 地址。

表 1.4.2 设备配置清单

| 设 备 | 连接端口 | IP 地址 | 子网掩码 | 网 关 |
|---|---|---|---|---|
| R1 E0/0/0 | R2 E0/0/0 | 10.0.12.1 | 255.255.255.0 | — |
| R2 E0/0/0 | R1 E0/0/0 | 10.0.12.2 | 255.255.255.0 | — |

(3)能够对交换机/路由器进行 SSH 远程管理。

## 三、认知与配置过程

### (一)为 R1 和 R2 更名并配置接口 IP 地址

**配置 R1：**

```
<Huawei> system-view
[Huawei]sysname R1
[R1]interfaceG0/0/0
[R1-GigabitEthernet0/0/0]ip address 10. 0. 12. 1 24
[R1-GigabitEthernet0/0/0]quit
[R1]
```

**配置 R2：**

```
<Huawei> system-view
[Huawei]sysname R2
[R2]interface G0/0/0
[R2-GigabitEthernet0/0/0]ip address 10. 0. 12. 2 24
[R2-GigabitEthernet0/0/0]quit
[R2]
```

### (二)测试 R1 和 R2 之间的连通性

```
[R1]ping 10. 0. 12. 2
  PING 10. 0. 12. 2: 56   data bytes, press CTRL_C to break
    Reply from 10. 0. 12. 2: bytes =56   Sequence =1   ttl =255   time =130 ms
    Reply from 10. 0. 12. 2: bytes =56   Sequence =2   ttl =255   time =50 ms
    Reply from 10. 0. 12. 2: bytes =56   Sequence =3   ttl =255   time =50 ms
    Reply from 10. 0. 12. 2: bytes =56   Sequence =4   ttl =255   time =20 ms
    Reply from 10. 0. 12. 2: bytes =56   Sequence =5   ttl =255   time =40 ms

  ---10. 0. 12. 2 ping statistics ---
    5 packet(s) transmitted
    5 packet(s) received
    0. 00%  packet loss
    round-trip min/avg/max =20/58/130 ms
```

### (三)在 R1 上开启 SSH 服务

```
[R1]stelnet server enable
```

### (四)在 R1 上配置虚拟终端

```
[R1]user-interface vty 0 4
[R1-ui-vty0-4]authentication-mode aaa
[R1-ui-vty0-4]protocol inbound ssh
```

### (五)添加 SSH 用户

```
[R1]aaa
[R1-aaa]local-user hw password cipher abc privilege level 3
```

[R1-aaa]local-user hw service-typessh

## (六)在 R2 上通过 SSH 登录 R1

[R2]ssh client first-time enable 　　//SSH 客户端第一次登录时,还没有 SSH 服务器的公钥,此时
　　　　　　　　　　　　　　　　　　　要信任服务器,不对 SSH 服务器的公钥进行有效性检查
[R2]stelnet 10. 0. 12. 1 　　　　　　//注意:必须在系统视图下才能使用 stelnet 命令
Please input the username:hw
Trying 10. 0. 12. 1 . . .
Press CTRL +K to abort
Connected to 10. 0. 12. 1 . . .
The server is not authenticated. Continue to access it? (y/n)[n]:y

S ave the server's public key? (y/n)[n]:y

E nter password:
<R1>

　　至此,完成了在 R2 上通过 SSH 登录 R1。
　　**注意**:首次使用 SSH 时,SSH 客户端需要从 SSH 服务器上获取公钥,此时,应认可 SSH 服务器公钥的有效性,获取公钥后可以直接保存在本地,以后登录就可以直接使用了(上文加粗体字体部分)。

### 四、测试并验证结果

　　在 R2 上对 R1 进行相应配置,例如为 R1 的 Loopback 0 接口定义 IP 地址。

[R2]stelnet 10. 0. 12. 1
Please input the username:hw
Trying 10. 0. 12. 1 . . .
Press CTRL +K to abort
Connected to 10. 0. 12. 1 . . .
Enter password:
-------------------------------------------------------------------------
　 User last login information:
-------------------------------------------------------------------------
　 Access Type : SSH
　 IP-Address　: 10. 0. 12. 2 ssh
　 Time　　　　: 2023-02-17 22:16:17-08:00
-------------------------------------------------------------------------
<R1> sys
Enter system view, return user view with Ctrl +Z.
[R1]int loo 0
[R1-LoopBack0]ip addr 1. 1. 1. 1 32

### 五、知识拓展

　　SSH 是一种网络安全协议,通过加密和认证机制实现安全的访问和文件传输等业务。传统远程登录或文件传输方式,例如 Telnet、FTP,使用明文传输数据,存在很多的安全隐患。随着人们对网络安全的重视,这些方式已经慢慢不被接受。SSH 协议通过对网络数据进行加

密和验证,能够在不安全的网络环境中提供安全的登录和其他安全网络服务。作为 Telnet 和其他不安全远程 shell 协议的安全替代方案,目前 SSH 协议已经被全世界广泛使用,大多数设备都支持 SSH 功能。

SSH Server 和 Client 之间的通信过程可以简要描述如下:

(1)Server 端收到 Client 端的登录请求后,把自己的公钥发给用户。

(2)Client 使用这个公钥,将登录密码进行加密。

(3)Client 将加密的密码发送给 Server 端。

(4)Server 端用自己的私钥,解密登录密码,然后验证其合法性。

(5)若验证结果正确,则响应 Client 的请求,双方建立连接。

由于私钥是 Server 端独有的,这就保证了 Client 的登录信息即使在网络传输过程中被窃取,也会因为没有私钥而无法解密,保证了数据的安全性,这充分利用了非对称加密的特性。

# 项目五
# 交换机 Access 与 Trunk 端口配置

本项目介绍二层交换网络 VLAN 的基础知识,在现代以太网的组建过程中,VLAN 是一个必备元素,并且对于业务网络来说,我们一般将 VLAN 和 IP 子网之间建立一一对应的关系,便于后期的管理和维护。在具体部署过程中,这会涉及交换机的端口管理问题,华为交换机有三种端口类型:Access、Trunk、Hybrid。本项目介绍前两种端口类型的特点和具体使用方法。

### 学习目标

1. 掌握基于端口的交换机 VLAN 划分方法。
2. 理解 Access 端口和 Trunk 端口的内部工作原理。
3. 掌握 Access 端口和 Trunk 端口在网络工程实践中的配置方法。

## 一、网络拓扑图

交换机端口配置如图 1.5.1 所示。

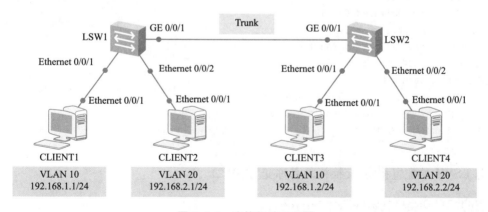

图 1.5.1　交换机端口配置

## 二、环境与设备要求

(1)按表 1.5.1 所列清单准备好网络设备,并依图 1.5.1 搭建网络拓扑图。
(2)按表 1.5.2 设备配置清单为计算机和相关接口配置 IP 地址。

表 1.5.1　设备清单

| 设　　备 | 型　　号 | 数　　量 |
|---|---|---|
| 交换机 | S3700 | 2 |
| 计算机 | PC | 4 |

表 1.5.2　设备配置清单

| 设　　备 | 连接端口 | IP 地址 | 子网掩码 | 网　　关 |
|---|---|---|---|---|
| PC1 | LSW1 E0/0/1 | 192.168.1.1 | 255.255.255.0 | — |
| PC2 | LSW1 E0/0/2 | 192.168.2.1 | 255.255.255.0 | — |
| PC3 | LSW2 E0/0/1 | 192.168.1.2 | 255.255.255.0 | — |
| PC4 | LSW2 E0/0/2 | 192.168.2.2 | 255.255.255.0 | — |
| LSW1 G0/0/1 | LSW2 G0/0/1 | — | — | — |

（3）PC1 和 PC3、PC2 和 PC4 之间可以正常通信，其他计算机之间不能正常通信。

## 三、认知与配置过程

### （一）按要求配置各台 PC 的 IP 地址

参考第一篇项目二进行配置。

### （二）在交换机上创建 VLAN 并划分端口

LSW1：

```
<Huawei> system-view
[Huawei]sysname SW1
[SW1]vlan batch 10 20
[SW1]interface Ethernet 0/0/1
[SW1-Ethernet0/0/1]port link-type access
[SW1-Ethernet0/0/1]port default vlan 10
[SW1-Ethernet0/0/1]quit
[SW1]int Ethernet 0/0/2
[SW1-Ethernet0/0/2]port link-type access
[SW1-Ethernet0/0/2]port default vlan 20
[SW1-Ethernet0/0/2]quit
```

LSW2：
与 LSW1 的配置相同（交换机的名称变为 SW2）。

### （三）配置交换机的级联口为 Trunk 链路

LSW1：

```
[SW1]interface GigabitEthernet 0/0/1
[SW1-GigabitEthernet0/0/1]port link-type trunk
[SW1-GigabitEthernet0/0/1]port trunk allow-pass vlan 10 20
```

LSW2：
与 LSW1 的配置相同。

## 四、测试并验证结果

按表 1.5.3 测试清单进行测试。

表 1.5.3　测试清单

| 测试案例 | 测试命令 | 测试结果 |
| --- | --- | --- |
| PC1 ping PC3 | Ping 192.168.1.2 | 通 |
| PC2 ping PC4 | Ping 192.168.2.2 | 通 |
| PC1 ping PC2 | Ping 192.168.2.1 | 不通 |
| PC1 ping PC4 | Ping 192.168.2.2 | 不通 |

## 五、知识拓展

VLAN 的全称为 Virtual LAN(虚拟局域网),起初用于在一个物理交换机上创建多个逻辑上独立的交换机,以便有效地控制广播风暴,提高网络部署与管理的灵活性。在多层交换网络普及后,VLAN 上通常也会部署三层口(VLANIF),并与 IP 子网一一对应,从而在 VLAN 接口实现 IP 子网间的路由(三层交换)。

华为交换机端口有三种工作模式:Access、Hybrid 和 Trunk,默认情况下,交换机的所有端口工作在 Hybrid 模式(即混杂模式),可以使用命令"port link-type"在各种模式之间切换。

两个重要的概念:

(1)VID:即 VLAN ID,是 VLAN 的标识,在交换机里面一般基于端口来划分 VLAN,比如 VLAN 10、VLAN 20 等。

(2)PVID:即 Port-base VID,是端口的 VLAN ID,一个端口可以属于多个 VLAN(比如 Trunk 端口),但是只能有一个 PVID(无论是 Access 端口还是 Trunk 端口)。当交换机端口收到一个不带 tag 标记的数据帧时,就会打上该 PVID 所对应的 VID 号(注意:帧在交换机内部总是携带 tag 标记的),视同该 VLAN 的数据帧处理。默认情况下,Access 端口的 VID 即为 PVID,Trunk 端口的 VID=全部,PVID=1。

Access 端口一般用于连接计算机(或路由器以太网口),对于进入的帧要打上 VLAN 标记(PVID),相应的帧称为 tagged frame,对于流出交换机的帧要去掉 VLAN 标记,相应的帧被称为 untagged frame。

Trunk 端口一般用于交换机之间的链路,无论对于进入的帧还是流出的帧都要打上 VLAN 标记,保证帧到达对方交换机后不会丢失 VLAN 信息,但有一种情况例外,就是当数据帧携带的 VID 与端口的 PVID 相同时,交换机会去掉帧的 tag 标记,然后再发送帧(比如默认情况下,Trunk 端口发送 VLAN 1 的数据帧时是不携带 VLAN 标记的)。对于 Trunk 端口来说,可以使用命令"port trunk allow-pass vlan "来定义允许通过哪些 VLAN 的数据帧。

Hybrid 端口则既有 Access 端口的特点,又有 Trunk 端口的特点,因此称为混杂端口,是华为专有的技术。对于流入的帧,Hybrid 端口的处理方法和 Trunk 端口是相同的;对于流出的帧,Hybrid 端口可以允许多个 VLAN 的数据帧发送时不打标签,而 Trunk 端口则只允许默认 VLAN(PVID)的数据帧发送时不打标签。从用户层面上看,Hybrid 端口最大的意义在于其可以实现不通 VLAN 间的通信。

一般的,网卡并不能识别 tagged 帧,因此 VLAN 标记其实只在交换机内部和 Trunk 链路上有意义,对于 PC 机来说意义不大。

# 项目六
# 交换机 Hybrid 端口配置

交换机默认的端口类型为 Hybrid(混杂端口),默认的 PVID 为 1,在不做任何配置的情况下,完全可以充当透明网桥来使用,并且 Hybrid 端口兼具 Access 端口和 Trunk 端口的特点,使用起来非常灵活,如果能够合理运用,可以起到事半功倍和意想不到的效果,本项目介绍 Hybrid 端口的工作原理、配置步骤和具体转发过程。

### 学习目标

1. 掌握 Hybrid 端口的工作原理。
2. 掌握 Hybrid 端口的应用场合。
3. 掌握 Hybrid 端口的配置方法。

## 一、网络拓扑图

交换机混杂端口配置如图 1.6.1 所示。

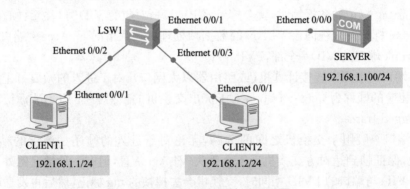

图 1.6.1　交换机混杂端口配置

## 二、环境与设备要求

(1)按表 1.6.1 所列清单准备好网络设备,并依图 1.6.1 搭建网络拓扑图。

表 1.6.1　设备清单

| 设 备 | 型 号 | 数 量 |
| --- | --- | --- |
| 交换机 | S3700 | 1 |
| 计算机 | PC | 2 |
| 服务器 | SERVER | 1 |

（2）为计算机和相关接口配置 IP 地址，设备配置清单见表 1.6.2。

表 1.6.2　设备配置清单

| 设　　备 | 连接端口 | IP 地址 | 子网掩码 | 网　　关 |
|---|---|---|---|---|
| PC1 | LSW1 E0/0/2 | 192.168.1.1 | 255.255.255.0 | — |
| PC2 | LSW1 E0/0/3 | 192.168.1.2 | 255.255.255.0 | — |
| SERVER | LSW1 E0/0/1 | 192.168.1.100 | 255.255.255.0 | — |

（3）两台 PC 都可以和 SERVER 通信，但两台 PC 之间不能通信。

## 三、认知与配置过程

### （一）按要求配置各台 PC 的 IP 地址

参考第一篇项目二进行配置。

### （二）在 LSW1 上创建 VLAN 10、VLAN 20 和 VLAN 100

```
<Huawei> system-view
[Huawei]sysname SW1
[SW1]vlan batch 10 20 100
```

### （三）配置 LSW1 的 Ethernet 0/0/1 口

```
[SW1]interface Ethernet 0/0/1
[SW1-Ethernet0/0/1]port hybrid pvid vlan 100
[SW1-Ethernet0/0/1]port hybrid untagged vlan 10 20 100
```

### （四）配置 LSW1 的 Ethernet 0/0/2 口

```
[SW1]interface Ethernet 0/0/2
[SW1-Ethernet0/0/1]port hybrid pvid vlan 10
[SW1-Ethernet0/0/1]port hybrid untagged vlan 10 100
```

### （五）配置 LSW1 的 Ethernet 0/0/3 口

```
[SW1]interface Ethernet 0/0/3
[SW1-Ethernet0/0/1]port hybrid pvid vlan20
[SW1-Ethernet0/0/1]port hybrid untagged vlan 20 100
```

## 四、测试并验证结果

测试清单见表 1.6.3。

表 1.6.3　测试清单

| 测试案例 | 测试命令 | 测试结果 |
|---|---|---|
| PC1 ping SERVER | Ping 192.168.1.100 | 通 |
| PC1 ping PC2 | Ping 192.168.1.2 | 不通 |
| PC2 ping SERVER | Ping 192.168.1.100 | 通 |
| PC2 ping PC1 | Ping 192.168.1.1 | 不通 |

### 五、项目小结与知识拓展

交换机默认的端口类型为 Hybrid,因此命令"port link-type hybrid"可以省略。

PC1 和 SERVER 之间的具体通信过程如下:

(1)PC1 发出的数据,由 E0/0/2 口进入交换机,并按照该端口的 PVID 进行封装(即 VLAN 10),并转发至 E0/0/1 口。

(2)交换机发现 E0/0/1 口上 VLAN 10 为 untagged,于是去除数据帧上的 VLAN 10 标记,以普通包的形式发给 SERVER,此时 PC1→SERVER 走的是 VLAN 10。

(3)对于返回的数据,过程同上,但 SERVER→PC1 走的是 VLAN 100,因为 E0/0/1 口的 PVID 为 100。

PC1 和 PC2 之间不能通信,因为 E0/0/2 口的 PVID 为 10,E0/0/3 口的 PVID 为 20,并且双方的 untagged 列表中都不含有对方的 PVID 标记。

直观上看,Hybrid 端口实现了不同 VLAN 间的通信,适用于一些特殊的应用场合,比如实现同一个 IP 子网内二层上的通信隔离。

对于 Hybrid 端口来说,如果将 PVID 与 untagged 列表配置得完全相同,则效果等同于 Access 端口,比如:

```
#
interface Ethernet0/0/1
port hybrid pvid vlan 10
port hybrid untagged vlan 10
```

其效果等同于:

```
#
interface Ethernet0/0/1
port link-type access
port default vlan 10
```

# 项目七
# 利用三层交换机实现 VLAN 间的路由

三层交换机是指带路由功能的交换机。在现代园区网中，内部网络之间的路由一般均采用三层交换机来实现（传统网络使用路由器），具体来说，三层交换机可以在 VLANIF 接口上配置 IP 地址（注意：不是在物理接口上配置 IP 地址），实现不同子网之间的 IP 路由，多层交换机兼具路由器的 IP 路由转发和交换机的快速交换功能，可以运行几乎所有的路由协议（RIP、OSPF、ISIS、BGP 等），是组建现代园区网的必备设备。本项目介绍如何利用三层交换机实现多个子网之间的路由。

### 学习目标

1. 理解 IP 路由的基本工作过程。
2. 掌握三层交换机在网络工程中的应用场合。
3. 掌握三层交换机的配置方法。

## 一、网络拓扑图

多层交换机 VLAN 间路由如图 1.7.1 所示。

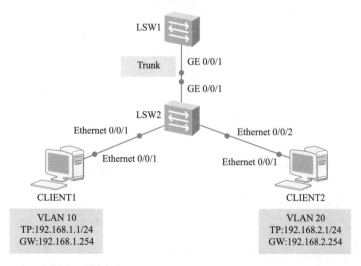

图 1.7.1　多层交换机 VLAN 间路由

## 二、环境与设备要求

(1)按表 1.7.1 所列清单准备好网络设备,并依图 1.7.1 搭建网络拓扑图。

表 1.7.1　设备清单

| 设　备 | 型　号 | 数　量 |
|---|---|---|
| 交换机 | S3700 | 1 |
| 交换机 | S5700 | 1 |
| 计算机 | PC | 2 |

(2)为计算机和相关接口配置 IP 地址,设备配置清单见表 1.7.2。

表 1.7.2　设备配置清单

| 设　备 | 连接端口 | IP 地址 | 子网掩码 | 网　关 |
|---|---|---|---|---|
| PC1 | LSW2 E0/0/1 | 192.168.1.1 | 255.255.255.0 | 192.168.1.254 |
| PC2 | LSW2 E0/0/2 | 192.168.2.1 | 255.255.255.0 | 192.168.2.254 |
| LSW2 G0/0/1 | LSW1 G0/0/1 | — | | |
| LSW1 VLANIF 10 | — | 192.168.1.254 | 255.255.255.0 | |
| LSW1 VLANIF 20 | — | 192.168.2.254 | 255.255.255.0 | |

(3)两台 PC 之间可以正常通信。

## 三、认知与配置过程

### (一)按要求配置各台 PC 的 IP 地址

参考第一篇项目二进行配置。

### (二)配置 LSW2 的 VLAN 信息和端口模式

```
<Huawei> system-view
[Huawei]sysname LSW2
[LSW2]vlan batch 10 20
[LSW2]interface Ethernet 0/0/1
[LSW2-Ethernet0/0/1]port link-type access
[LSW2-Ethernet0/0/1]port default vlan 10
[LSW2-Ethernet0/0/1]quit
[LSW2]interface Ethernet 0/0/2
[LSW2-Ethernet0/0/2]port link-type access
[LSW2-Ethernet0/0/2]port default vlan 20
[LSW2-Ethernet0/0/2]quit
[LSW2]interface GigabitEthernet 0/0/1
[LSW2-GigabitEthernet0/0/1]port link-type trunk
[LSW2-GigabitEthernet0/0/1]port trunk allow-pass vlan 10 20
```

### (三)配置 LSW1 的 VLAN 信息和端口模式

```
<Huawei> system-view
```

```
[Huawei]sysname LSW1
[LSW1]vlan batch 10 20
[LSW1]interface GigabitEthernet 0/0/1
[LSW1-GigabitEthernet0/0/1]port link-type trunk
[LSW1-GigabitEthernet0/0/1]port trunk allow-pass vlan 10 20
[LSW1-GigabitEthernet0/0/1]quit
[LSW1]interface Vlanif 10
[LSW1-Vlanif10]ip address 192.168.1.254 24
[LSW1-Vlanif10]quit
[LSW1]interface Vlanif 20
[LSW1-Vlanif20]ip address 192.168.2.254 24
```

## 四、测试并验证结果

测试清单见表 1.7.3。

表 1.7.3 测试清单

| 测试案例 | 测试命令 | 测试结果 |
| --- | --- | --- |
| PC1 pingVLANIF 10 | Ping 192.168.1.254 | 通 |
| PC2 pingVLANIF 20 | Ping 192.168.2.254 | 通 |
| PC1 ping PC2 | Ping 192.168.2.1 | 通 |

## 五、项目小结与知识拓展

三层交换机是指带路由功能的交换机,与传统的路由器相比,三层交换机的路由速度更快、配置更灵活,特别适合用于内网之间的路由。部分高端的交换机还具有传输层和应用层的功能,所有三层和三层以上的交换机统称为多层交换机。

三层交换机的路由功能是通过 VLANIF 接口来实现的,通过为 VLANIF 接口配置 IP 地址来实现三层接口,传统路由器则是在物理端口上实现三层接口,相比而言,三层交换机在部署和管理上更加灵活。

实践中,由于交换机往往比路由器具有更多的端口数,因此也就可以启用更多的三层接口,从而实现更多子网之间的路由,基于这个原因,企业内网之间的路由一般都采用三层交换机来实现,而出口路由一般仍采用传统路由器来实现(出口路由一般还需要支持更多的功能,比如 NAT)。

# 项目八
# 链路聚合

随着业务的扩充,园区网的关键节点可能面临带宽不够、需要升级的问题,然而设备升级是需要资金支持的(比如将千兆交换机升级为万兆交换机),如果仅仅是需要解决网络扩容的问题,可以考虑使用链路聚合来实现,比如在网络的关键节点处,使用两根千兆线做聚合,就可以将网络容量扩充为 2 GB,这将会解决实际问题,同时也很少增加成本。本项目介绍链路聚合的两种基本方式:手工聚合、LACP 静态聚合。

学习目标

1. 掌握链路聚合的意义和应用。
2. 掌握手工链路聚合的配置方法。
3. 掌握链路汇聚控制协议(link aggregation control protocol, LACP)静态链路聚合的配置方法。

## 一、网络拓扑图

链路聚合如图 1.8.1 所示。

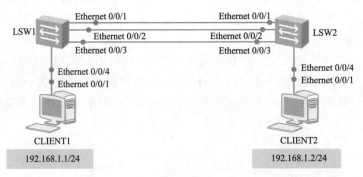

图 1.8.1　链路聚合

## 二、环境与设备要求

(1)按表 1.8.1 所列清单准备好网络设备,并依图 1.8.1 搭建网络拓扑图。

表 1.8.1　设备清单

| 设　　备 | 型　　号 | 数　　量 |
| --- | --- | --- |
| 交换机 | S3700 | 2 |
| 计算机 | PC | 2 |

（2）为计算机和相关接口配置 IP 地址，设备配置清单见表 1.8.2。

表 1.8.2　设备配置清单

| 设　　备 | 连接端口 | IP 地址 | 子网掩码 | 网　　关 |
|---|---|---|---|---|
| PC1 | LSW1 E0/0/4 | 192.168.1.1 | 255.255.255.0 | — |
| PC2 | LSW2 E0/0/4 | 192.168.1.2 | 255.255.255.0 | — |
| LSW1 E0/0/1 | LSW2 E0/0/1 | — | — | — |
| LSW1 E0/0/2 | LSW2 E0/0/2 | — | — | — |
| LSW1 E0/0/3 | LSW2 E0/0/3 | — | — | — |

（3）配置 LSW1 和 LSW2 之间的手工链路聚合，并验证配置结果。

（4）配置 LSW1 和 LSW2 之间的 LACP 静态链路聚合，并验证配置结果。

## 三、认知与配置过程

### (一)按要求配置各台 PC 的 IP 地址

参考第一篇项目二进行配置。

### (二)配置手工链路聚合

#### 1. 配置 LSW1

```
<Huawei> system-view
[Huawei]sysname SW1
[SW1]interface Eth-Trunk 0
[SW1-Eth-Trunk0]trunkport Ethernet 0/0/1
[SW1-Eth-Trunk0]trunkport Ethernet 0/0/2
[SW1-Eth-Trunk0]trunkport Ethernet 0/0/3
[SW1-Eth-Trunk0]port link-type trunk
[SW1-Eth-Trunk0]port trunk allow-pass vlan all
```

#### 2. 配置 LSW2

```
<Huawei> system-view
[Huawei]sysname SW2
[SW1]interface Eth-Trunk 0
[SW1-Eth-Trunk0]trunkport Ethernet 0/0/1
[SW1-Eth-Trunk0]trunkport Ethernet 0/0/2
[SW1-Eth-Trunk0]trunkport Ethernet 0/0/3
[SW1-Eth-Trunk0]port link-type trunk
[SW1-Eth-Trunk0]port trunk allow-pass vlan all
```

#### 3. 验证手工链接聚合

```
[SW1]display eth-trunk 0
Eth-Trunk0's state information is:
WorkingMode: NORMAL          Hash arithmetic: According to SIP-XOR-DIP
Least Active-linknumber: 1   Max Bandwidth-affected-linknumber: 8
Operate status:Up            Number Of Up Port In Trunk: 3
--------------------------------------------------------------------
PortName                     Status     Weight
```

```
Ethernet0/0/1                    Up              1
Ethernet0/0/2                    Up              1
Ethernet0/0/3                    Up              1
```

**说明:**

(1)华为默认的链路聚合类型为手工聚合。

(2)聚合后的链路相当于一条带宽为 $N$ 倍的以太网链路,交换机不再根据端口来学习 MAC 地址,而是根据聚合链路(0~63)来学习 MAC 地址。

(3)网络实践中,聚合链路一般会设置为 Trunk 模式(二层聚合)。

### (三)配置 LACP 静态链路聚合

#### 1. 先删除原有的手工链路聚合配置

```
[SW1]interface e0/0/1
[SW1-Ethernet0/0/1]display this
#
interface Ethernet0/0/1
eth-trunk 0
#
[SW1-Ethernet0/0/1]undo eth-trunk
[SW1-Ethernet0/0/1]quit
[SW1]interface e0/0/2
[SW1-Ethernet0/0/2]undo eth-trunk
[SW1-Ethernet0/0/2]quit
[SW1]interface e0/0/3
[SW1-Ethernet0/0/3]undo eth-trunk
```

在交换机 LSW2 上做如上相同的配置。

#### 2. 在 LSW1 上配置 LACP 静态链路聚合

(1)修改 LSW1 的 LACP 优先级

```
[SW1]lacp priority 1
```

(2)修改链路聚合模式为静态 LACP,并添加端口

```
[SW1]interface Eth-Trunk 0
[SW1-Eth-Trunk0]mode lacp-static
[SW1-Eth-Trunk0]trunkport Ethernet 0/0/1 to 0/0/3
```

(3)修改最大的活动链路数量

```
[SW1-Eth-Trunk0]max active-linknumber 2
```

(4)修改 Ethernet 0/0/3 号端口的 LACP 优先级

```
[SW1]interface e0/0/3
[SW1-Ethernet0/0/3]lacp priority 65535
```

#### 3. 在 LSW2 上配置 LACP 静态链路聚合

```
[SW2]interface Eth-Trunk 0
[SW2-Eth-Trunk0]mode lacp-static
[SW2-Eth-Trunk0]trunkport Ethernet 0/0/1 to 0/0/3
```

## 4. 验证 LACP 链路聚合

```
<SW1> display eth-trunk 0
Eth-Trunk0's state information is:
Local:
LAG ID: 0                           WorkingMode: STATIC
Preempt Delay: Disabled             Hash arithmetic: According to SIP-XOR-DIP
System Priority: 1                  System ID: 4c1f-cc9e-4b88
Least Active-linknumber: 1          Max Active-linknumber: 2
Operate status:Up                   Number Of Up Port In Trunk: 2
--------------------------------------------------------------------------------
ActorPortName           Status      PortType PortPri PortNo PortKey PortState Weight
Ethernet0/0/1           Selected    100M     32768   2      33      10111100  1
Ethernet0/0/2           Selected    100M     32768   3      33      10111100  1
Ethernet0/0/3           Unselect    100M     65535   4      33      10100000  1

Partner:
--------------------------------------------------------------------------------
ActorPortName           SysPri      SystemID       PortPri PortNo PortKey PortState
Ethernet0/0/1           32768       4c1f-cc71-092c 32768   2      33      10111100
Ethernet0/0/2           32768       4c1f-cc71-092c 32768   3      33      10111100
Ethernet0/0/3           32768       4c1f-cc71-092c 32768   4      33      10110000
<SW1>
[SW2]display eth-trunk 0
Eth-Trunk0's state information is:
Local:
LAG ID: 0                           WorkingMode: STATIC
Preempt Delay: Disabled             Hash arithmetic: According to SIP-XOR-DIP
System Priority: 32768              System ID: 4c1f-cc71-092c
Least Active-linknumber: 1          Max Active-linknumber: 8
Operate status:Up                   Number Of Up Port In Trunk: 2
--------------------------------------------------------------------------------
ActorPortName           Status      PortType PortPri PortNo PortKey PortState Weight
Ethernet0/0/1           Selected    100M     32768   2      33      10111100  1
Ethernet0/0/2           Selected    100M     32768   3      33      10111100  1
Ethernet0/0/3           Unselect    100M     32768   4      33      10110000  1

Partner:
--------------------------------------------------------------------------------
ActorPortName           SysPri      SystemID       PortPri PortNo PortKey PortState
Ethernet0/0/1           1           4c1f-cc9e-4b88 32768   2      33      10111100
Ethernet0/0/2           1           4c1f-cc9e-4b88 32768   3      33      10111100
Ethernet0/0/3           1           4c1f-cc9e-4b88 65535   4      33      10100000

[SW2]
```

**说明:**

(1)LSW1 的 LACP 优先级为 1,LSW2 的 LACP 优先级为 32 768(默认值),越小越优先,因此 LSW1 为主动端,LSW2 为被动端。

(2)Ethernet0/0/1、Ethernet0/0/2 口的 LACP 优先级为 32 768(默认值),Ethernet0/0/3

口的 LACP 优先级为 65 535,越小越优先,由于命令"max active-linknumber 2"指定了最大的活动链路数为 2,因此 Ethernet0/0/1、Ethernet0/0/2 口的状态为 Selected,Ethernet0/0/3 口的状态为 Unselect。

### 四、测试并验证结果

测试清单见表 1.8.3。

表 1.8.3  测试清单

| 测试案例 | 测试命令 | 测试结果 |
| --- | --- | --- |
| PC1 ping PC2 | Ping 192.168.1.2 | 通 |

### 五、项目小结与知识拓展

在手工链路聚合模式下,所有成员接口均处于转发状态,分担负载流量。

静态 LACP 模式也称为 $M:N$ 模式。这种方式同时可以实现链路负载分担和链路冗余备份的双重功能。在链路聚合组中 $M$ 条链路处于活动状态,这些链路负责转发数据并进行负载分担,另外 $N$ 条链路处于非活动状态作为备份链路,不转发数据。当 $M$ 条链路中有链路出现故障时,系统会从 $N$ 条备份链路中选择优先级最高的接替出现故障的链路,同时这条替换故障链路的备份链路状态变为活动状态开始转发数据。

和静态 LACP 模式相对应的还有动态 LACP 模式。动态 LACP 模式的链路聚合,从 Eth-Trunk 的创建到加入成员接口都不需要人工的干预,由 LACP 协议自动协商完成。虽然这种方式对于用户来说很简单,但由于这种方式过于灵活,不便于管理,所以 S5700 和 S3700 上均不支持动态 LACP 模式的链路聚合。

在静态 LACP 模式下,聚合组两端的设备中 LACP 优先级较高的一端为主动端,LACP 优先级较低的一端为被动端。如果两端设备的 LACP 优先级一样时,需要按照系统 MAC 来选择主动端,系统 MAC 小的一端优先。

改变 Eth-Trunk 工作模式前应首先确保该 Eth-Trunk 中没有加入任何成员接口,否则无法修改 Eth-Trunk 的工作模式。删除已存在的成员接口需在相应接口视图下执行命令"undo eth-trunk"或在 Eth-Trunk 视图下执行命令"undo trunkport interface-type interface-number"。

将成员接口加入 Eth-Trunk 时,需要注意以下问题:

(1)每个 Eth-Trunk 接口下最多可以包含 8 个成员接口。

(2)成员接口不能配置任何业务和静态 MAC 地址。

(3)成员接口加入 Eth-Trunk 时,必须为缺省的 hybrid 类型接口。

(4)Eth-Trunk 接口不能嵌套,即成员接口不能是 Eth-Trunk。

(5)一个以太网接口只能加入一个 Eth-Trunk 接口,如果需要加入其他 Eth-Trunk 接口,必须先退出原来的 Eth-Trunk 接口。

(6)一个 Eth-Trunk 接口中的成员接口必须是同一类型,即 FE 口和 GE 口不能加入同一个 Eth-Trunk 接口。

(7)可以将不同接口板上的以太网接口加入同一个 Eth-Trunk。

（8）如果本地设备使用了 Eth-Trunk，与成员接口直连的对端接口也必须捆绑为 Eth-Trunk 接口，两端才能正常通信。

（9）当成员接口加入 Eth-Trunk 后，学习 MAC 地址时是按照 Eth-Trunk 来学习的，而不是按照成员接口来学习。

（10）当成员接口全部都是半双工模式时，Eth-Trunk 不能协商成 UP 状态。

验证链路聚合的常用命令包括：

（1）display trunkmembership eth-trunk trunk-id：查看 Eth-Trunk 的成员接口。

（2）display eth-trunk trunk-id：查看 Eth-Trunk 信息、活动接口信息及非活动接口信息。

# 项目九
# 静态路由、负载均衡与浮动路由

不同 IP 子网之间的通信依赖于路由器/多层交换机中的路由表,路由表项可分为三大类:直连路由、静态路由、动态路由。其中静态路由即为网络管理员手工配置的路由表项,通常它会应用在小型的、简单的园区网中。本项目讲解静态路由的工作原理、配置过程,同时将负载均衡、浮动路由等基本概念和常用配置一并加以介绍。

学习目标

1. 掌握静态路由的工作原理。
2. 掌握静态路由的配置方法。
3. 掌握负载均衡的配置方法。
4. 掌握浮动路由的配置方法。

## 一、网络拓扑图

负载均衡与浮动路由如图 1.9.1 所示。

图 1.9.1　负载均衡与浮动路由

## 二、环境与设备要求

(1)按表 1.9.1 所列清单准备好网络设备,并依图 1.9.1 搭建网络拓扑图。

表 1.9.1　设备清单

| 设　备 | 型　号 | 数　量 |
| --- | --- | --- |
| 路由器 | Router | 2 |

(2)为计算机和相关接口配置 IP 地址,设备配置清单见表 1.9.2。

表 1.9.2　设备配置清单

| 设　备 | 连接端口 | IP 地址 | 子网掩码 | 网　关 |
| --- | --- | --- | --- | --- |
| R1Loopback 0 | — | 1.1.1.1 | 255.255.255.255 | — |

| 设　备 | 连接端口 | IP 地址 | 子网掩码 | 网　关 |
|---|---|---|---|---|
| R1 E0/0/0 | R2 E0/0/0 | 10.0.12.1 | 255.255.255.0 | — |
| R1 S0/0/0 | R2 S0/0/0 | 10.0.21.1 | 255.255.255.0 | — |
| R2Loopback 0 | — | 2.2.2.2 | 255.255.255.255 | — |
| R2 E0/0/0 | R1 E0/0/0 | 10.0.12.2 | 255.255.255.0 | — |
| R2 S0/0/0 | R1 S0/0/0 | 10.0.21.2 | 255.255.255.0 | — |

（3）配置 R1 和 R2 上的静态路由，使得 R1 和 R2 的 Loopback 0 口能够互通。

（4）配置负载均衡与浮动路由，并验证结果。

## 三、认知与配置过程

### （一）配置路由器接口 IP 地址

#### 1. 配置 R1 接口 IP 地址

```
<Huawei> system-view
[Huawei]sysname R1
[R1]interface LoopBack 0
[R1-LoopBack0]ip address 1.1.1.1 32
[R1-LoopBack0]quit
[R1]interface Ethernet 0/0/0
[R1-Ethernet0/0/0]ip address 10.0.12.1 24
[R1-Ethernet0/0/0]quit
[R1]interface Serial 0/0/0
[R1-Serial0/0/0]ip address 10.0.21.1 24
[R1-Serial0/0/0]quit
[R1]
```

#### 2. 配置 R2 接口 IP 地址

```
<Huawei> system-view
[Huawei]sysname R2
[R2]interface LoopBack 0
[R2-LoopBack0]ip address 2.2.2.2 32
[R2-LoopBack0]quit
[R2]interface Ethernet 0/0/0
[R2-Ethernet0/0/0]ip address 10.0.12.2 24
[R2-Ethernet0/0/0]quit
[R2]interface Serial 0/0/0
[R2-Serial0/0/0]ip address 10.0.21.2 24
[R2-Serial0/0/0]quit
[R2]
```

### （二）配置 R1 和 R2 上的静态路由

```
[R1]ip route-static 2.2.2.2 32 10.0.12.2
[R2]ip route-static 1.1.1.1 32 10.0.12.1
```

### (三)验证 R1 和 R2 的 LoopBack 0 口之间能否通信

```
[R1]ping -a 1. 1. 1. 1 2. 2. 2. 2
  PING 2. 2. 2. 2: 56  data bytes, press CTRL_C to break
    Reply from 2. 2. 2. 2: bytes =56  Sequence =1  ttl =255  time =80 ms
    Reply from 2. 2. 2. 2: bytes =56  Sequence =2  ttl =255  time =30 ms
    Reply from 2. 2. 2. 2: bytes =56  Sequence =3  ttl =255  time =40 ms
    Reply from 2. 2. 2. 2: bytes =56  Sequence =4  ttl =255  time =20 ms
    Reply from 2. 2. 2. 2: bytes =56  Sequence =5  ttl =255  time =40 ms
  ---2. 2. 2. 2 ping statistics ---
    5 packet (s) transmitted
    5 packet (s) received
    0. 00%  packet loss
    round-trip min/avg/max =20/42/80 ms
[R1]
```

结果表明可以正常通信,接下来查看 R1 的路由表:

```
<R1> display  ip routing-table
Route Flags: R-relay, D-download to fib
-----------------------------------------------------------------------------
Routing Tables: Public
        Destinations : 9      Routes : 9
Destination/Mask    Proto   Pre  Cost     Flags  NextHop       Interface
      1. 1. 1. 1/32    Direct  0    0        D      127. 0. 0. 1    LoopBack0
      2. 2. 2. 2/32    Static  60   0        RD     10. 0. 12. 2    Ethernet0/0/0
     10. 0. 12. 0/24   Direct  0    0        D      10. 0. 12. 1    Ethernet0/0/0
     10. 0. 12. 1/32   Direct  0    0        D      127. 0. 0. 1    Ethernet0/0/0
     10. 0. 21. 0/24   Direct  0    0        D      10. 0. 21. 1    Serial0/0/0
     10. 0. 21. 1/32   Direct  0    0        D      127. 0. 0. 1    Serial0/0/0
     10. 0. 21. 2/32   Direct  0    0        D      10. 0. 21. 2    Serial0/0/0
    127. 0. 0. 0/8     Direct  0    0        D      127. 0. 0. 1    InLoopBack0
    127. 0. 0. 1/32    Direct  0    0        D      127. 0. 0. 1    InLoopBack0
<R1>
```

可以看到,在 R1 的路由表中有一条到达 2. 2. 2. 2 的静态路由。

### (四)配置 R1 和 R2 之间的负载均衡

#### 1. 配置负载均衡

```
[R1]ip route-static 2. 2. 2. 2 32 10. 0. 21. 2
[R1]load-balance packet
[R2]ip route-static 1. 1. 1. 1 32 10. 0. 21. 1
[R2]load-balance packet
```

#### 2. 查看路由表,验证负载均衡

```
[R1]dis ip routing-table
Route Flags: R-relay, D-download to fib
-----------------------------------------------------------------------------
Routing Tables: Public
        Destinations : 9      Routes : 10
```

| Destination/Mask | Proto | Pre | Cost | Flags | NextHop | Interface |
|---|---|---|---|---|---|---|
| 1.1.1.1/32 | Direct | 0 | 0 | D | 127.0.0.1 | LoopBack0 |
| 2.2.2.2/32 | Static | 60 | 0 | RD | 10.0.12.2 | Ethernet0/0/0 |
|  | Static | 60 | 0 | RD | 10.0.21.2 | Serial0/0/0 |
| 10.0.12.0/24 | Direct | 0 | 0 | D | 10.0.12.1 | Ethernet0/0/0 |
| 10.0.12.1/32 | Direct | 0 | 0 | D | 127.0.0.1 | Ethernet0/0/0 |
| 10.0.21.0/24 | Direct | 0 | 0 | D | 10.0.21.1 | Serial0/0/0 |
| 10.0.21.1/32 | Direct | 0 | 0 | D | 127.0.0.1 | Serial0/0/0 |
| 10.0.21.2/32 | Direct | 0 | 0 | D | 10.0.21.2 | Serial0/0/0 |
| 127.0.0.0/8 | Direct | 0 | 0 | D | 127.0.0.1 | InLoopBack0 |
| 127.0.0.1/32 | Direct | 0 | 0 | D | 127.0.0.1 | InLoopBack0 |

可以看到,路由表中有到达目的网络 2.2.2.2 的两条完全等价的路由表条目,此时路由器将使用负载均衡的方式分担流量。

**3. 抓包验证负载均衡**

接下来,在 R1 的 E0/0/0 口和 S0/0/0 口上同时进行抓包,验证负载均衡(图 1.9.2):

[R1]ping -a 1.1.1.1 2.2.2.2

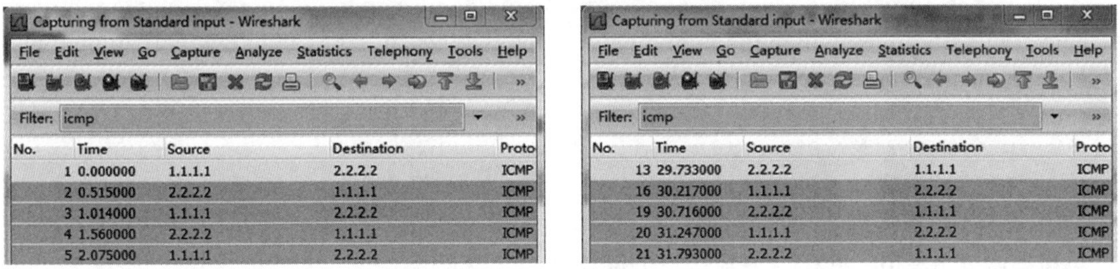

图 1.9.2　负载均衡抓包验证

可以看到,R1 发送的 5 个 ping 报文中,有 3 个包走了 E0/0/0 口,有 2 个包走了 S0/0/0 口,实现了负载均衡。

**(五)配置 R1 和 R2 之间的浮动路由**

由于 E0/0/0 口的带宽为 100M,S0/0/0 口的带宽为 10 M,所以希望正常情况下,数据走 E0/0/0 口,而将 S0/0/0 口作为备份,仅当 E0/0/0 口链路出现故障时启用 S0/0/0 口,这种情况称为浮动路由。

**1. 配置浮动路由**

[R1]ip route-static 2.2.2.2 32 10.0.21.2 preference 65
[R2]ip route-static 1.1.1.1 32 10.0.21.1 preference 65

**2. 查看路由表,验证浮动路由**

[R1]dis ip routing-table protocol static
Route Flags: R-relay, D-download to fib
----------------------------------------------------------------
Public routing table : Static
　　　　Destinations : 1　　　Routes : 2　　　Configured Routes : 2
Static routing table status : <Active>
　　　　Destinations : 1　　　Routes : 1

| Destination/Mask | Proto | Pre | Cost | Flags | NextHop | Interface |
|---|---|---|---|---|---|---|
| 2.2.2.2/32 | Static | 60 | 0 | RD | 10.0.12.2 | Ethernet0/0/0 |

Static routing table status : <Inactive>

Destinations : 1        Routes : 1

| Destination/Mask | Proto | Pre | Cost | Flags | NextHop | Interface |
|---|---|---|---|---|---|---|
| 2.2.2.2/32 | Static | 65 | 0 | R | 10.0.21.2 | Serial0/0/0 |

[R1]

可以看到,E0/0/0 口所在的静态路由是活动的(active),路由优先级为 60,S0/0/0 口所在的静态路由是不活动的(inactive),路由优先级为 65。

```
[R1]dis ip routing-table
Route Flags: R-relay, D-download to fib
-----------------------------------------------------------------------
```

Routing Tables: Public

Destinations : 9        Routes : 9

| Destination/Mask | Proto | Pre | Cost | Flags | NextHop | Interface |
|---|---|---|---|---|---|---|
| 1.1.1.1/32 | Direct | 0 | 0 | D | 127.0.0.1 | LoopBack0 |
| 2.2.2.2/32 | Static | 60 | 0 | RD | 10.0.12.2 | Ethernet0/0/0 |
| 10.0.12.0/24 | Direct | 0 | 0 | D | 10.0.12.1 | Ethernet0/0/0 |
| 10.0.12.1/32 | Direct | 0 | 0 | D | 127.0.0.1 | Ethernet0/0/0 |
| 10.0.21.0/24 | Direct | 0 | 0 | D | 10.0.21.1 | Serial0/0/0 |
| 10.0.21.1/32 | Direct | 0 | 0 | D | 127.0.0.1 | Serial0/0/0 |
| 10.0.21.2/32 | Direct | 0 | 0 | D | 10.0.21.2 | Serial0/0/0 |
| 127.0.0.0/8 | Direct | 0 | 0 | D | 127.0.0.1 | InLoopBack0 |
| 127.0.0.1/32 | Direct | 0 | 0 | D | 127.0.0.1 | InLoopBack0 |

在路由转发表中,只有一条到达目的网络 2.2.2.2 的路由条目,其下一跳为 10.0.12.2。

### 3. 自动切换测试

在 R1 上关闭 E0/0/0 口,验证路由器能否自动切换到 S0/0/0 口上来。

```
[R1]interface e0/0/0
[R1-Ethernet0/0/0]shutdown
[R1]quit
[R1]dis ip routing-table
Route Flags: R-relay, D-download to fib
-----------------------------------------------------------------------
```

Routing Tables: Public

Destinations : 7        Routes : 7

| Destination/Mask | Proto | Pre | Cost | Flags | NextHop | Interface |
|---|---|---|---|---|---|---|
| 1.1.1.1/32 | Direct | 0 | 0 | D | 127.0.0.1 | LoopBack0 |
| 2.2.2.2/32 | Static | 65 | 0 | RD | 10.0.21.2 | Serial0/0/0 |
| 10.0.21.0/24 | Direct | 0 | 0 | D | 10.0.21.1 | Serial0/0/0 |
| 10.0.21.1/32 | Direct | 0 | 0 | D | 127.0.0.1 | Serial0/0/0 |
| 10.0.21.2/32 | Direct | 0 | 0 | D | 10.0.21.2 | Serial0/0/0 |
| 127.0.0.0/8 | Direct | 0 | 0 | D | 127.0.0.1 | InLoopBack0 |
| 127.0.0.1/32 | Direct | 0 | 0 | D | 127.0.0.1 | InLoopBack0 |

[R1]

在路由转发表中可知,到达目的网络 2.2.2.2 的下一跳变为了 10.0.21.2,说明路由器已经启用了 S0/0/0 口的备份链路。

## 四、测试并验证结果

(1)R1 和 R2 的 Loopback 0 之间能够正常通信。

(2)负载均衡工作正常。

(3)浮动路由工作正常。

(4)重新打开 R1 的 E0/0/0 口,并查看路由表,如下:

```
[R1-Ethernet0/0/0]undo shutdown
[R1-Ethernet0/0/0]q
[R1]dis ip routing-table
Route Flags: R-relay, D-download to fib
------------------------------------------------------------------------------
Routing Tables: Public
        Destinations : 9        Routes : 9
Destination/Mask    Proto   Pre  Cost      Flags  NextHop      Interface
      1.1.1.1/32    Direct  0    0         D      127.0.0.1    LoopBack0
      2.2.2.2/32    Static  60   0         RD     10.0.12.2    Ethernet0/0/0
     10.0.12.0/24   Direct  0    0         D      10.0.12.1    Ethernet0/0/0
     10.0.12.1/32   Direct  0    0         D      127.0.0.1    Ethernet0/0/0
     10.0.21.0/24   Direct  0    0         D      10.0.21.1    Serial0/0/0
     10.0.21.1/32   Direct  0    0         D      127.0.0.1    Serial0/0/0
     10.0.21.2/32   Direct  0    0         D      10.0.21.2    Serial0/0/0
    127.0.0.0/8     Direct  0    0         D      127.0.0.1    InLoopBack0
    127.0.0.1/32    Direct  0    0         D      127.0.0.1    InLoopBack0
[R1]
```

在路由转发表中,到达目的网络 2.2.2.2 的下一跳重新变为了 10.0.12.2。

## 五、项目小结与知识拓展

静态路由适用于简单的小型网络,使用静态路由可以减轻路由器运行路由算法的负担,提高网络性能,但同时也要求网络管理员必须清楚整个网络的拓扑结构,避免人为的错误配置。

一个路由表条目的关键参数包括:

(1)目的网络(Destination):目的网络的网络号。

(2)子网掩码(Mask):目的网络的掩码。

(3)下一跳(NextHop):对端直连路由器的物理接口 IP 地址。

(4)出接口(Interface):本地路由器的物理接口。

(5)优先级(Preference):用于判断各路由协议的优先级,越小越优先。华为默认的各种路由协议的优先级如下:

①直连路由——0。

②OSPF 路由——10。

③ISIS 路由——15。

④静态路由——60。

⑤RIP 路由——100。

⑥OSPF ASE 外部路由——150。

⑦BGP 路由——255。

(6)度量值(Cost):到达目的网络的开销,不同的路由协议,其计算方法也不同。

静态路由有一种特殊情况,即"ip route-static 0.0.0.0 0.0.0.0 nexthop",这种情况一般称之为默认路由(或缺省路由),适用于边缘路由器(即只有一条出口链路),默认路由能匹配所有的目的网络。

# 项目十
# RIP 路由

在大型园区网中，一般需要部署动态路由协议（静态路由此时已难以胜任），即由路由器自动发现未知网络并自动计算路由，常见的动态路由协议包括 RIP、OSPF、ISIS，等等，不同的路由协议有不同的最优路径算法。1979 年之前，Internet 上广泛使用了 RIP 路由协议（Internet 在 1979 年之前，所有的线路均是 64 KB 的，没有高速链路），这是一个距离矢量路由协议，依据到达目的端跳数的多少来衡量一条路径的优劣（越少越优）。目前来看，RIP 路由协议已经不太适合用在复杂的现代园区网中了（RIP 不区分高速低速链路，而现在的网络中普遍存在高低速链路），但在小型的简单网络中，它仍然可以工作。本项目主要介绍 RIP 协议的工作原理和配置过程。

**学习目标**

1. 了解常见的动态路由协议。
2. 掌握 RIP 路由的工作原理。
3. 掌握 RIP 路由的配置方法。

## 一、网络拓扑图

RIP 路由如图 1.10.1 所示。

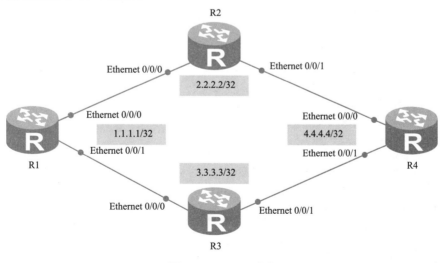

图 1.10.1　RIP 路由

## 二、环境与设备要求

(1)按表 1.10.1 所列清单准备好网络设备,并依图 1.10.1 搭建网络拓扑图。

表 1.10.1 设备清单

| 设 备 | 型 号 | 数 量 |
|---|---|---|
| 路由器 | Router | 4 |

(2)为计算机和相关接口配置 IP 地址,设备配置清单见表 1.10.2。

表 1.10.2 设备配置清单

| 设 备 | 连接端口 | IP 地址 | 子网掩码 | 网 关 |
|---|---|---|---|---|
| R1 E0/0/0 | R2 E0/0/0 | 10.0.12.1 | 255.255.255.0 | — |
| R1 E0/0/1 | R3 E0/0/0 | 10.0.13.1 | 255.255.255.0 | — |
| R2 E0/0/0 | R1 E0/0/0 | 10.0.12.2 | 255.255.255.0 | — |
| R2 E0/0/1 | R4 E0/0/0 | 10.0.24.2 | 255.255.255.0 | — |
| R3 E0/0/0 | R1 E0/0/1 | 10.0.13.3 | 255.255.255.0 | — |
| R3 E0/0/1 | R4 E0/0/1 | 10.0.34.3 | 255.255.255.0 | — |
| R4 E0/0/0 | R2 E0/0/1 | 10.0.24.4 | 255.255.255.0 | — |
| R4 E0/0/1 | R3 E0/0/1 | 10.0.34.4 | 255.255.255.0 | — |
| R1 Loopback 0 | — | 1.1.1.1 | 255.255.255.0 | — |
| R2 Loopback 0 | — | 2.2.2.2 | 255.255.255.0 | — |
| R3 Loopback 0 | — | 3.3.3.3 | 255.255.255.0 | — |
| R4 Loopback 0 | — | 4.4.4.4 | 255.255.255.0 | — |

(3)在 R1~R4 上配置 RIP 路由,使得 4 台路由器均能互通。

## 三、认知与配置过程

### (一)按要求配置 R1~R4 的接口 IP 地址

#### 1. 配置 R1 的接口 IP 地址

```
<Huawei> system-view
[Huawei]sysname R1
[R1]interface LoopBack 0
[R1-LoopBack0]ip address 1.1.1.1 32
[R1-LoopBack0]quit
[R1]interface Ethernet 0/0/0
[R1-Ethernet0/0/0]ip address 10.0.12.1 24
[R1-Ethernet0/0/0]quit
[R1]interface Ethernet 0/0/1
[R1-Ethernet0/0/1]ip address 10.0.13.1 24
```

#### 2. 配置 R2 的接口 IP 地址

```
<Huawei> system-view
[Huawei]sysname R2
```

[R2]interface LoopBack 0
[R2-LoopBack0]ip address 2.2.2.2 32
[R2-LoopBack0]quit
[R2]interface Ethernet 0/0/0
[R2-Ethernet0/0/0]ip address 10.0.12.2 24
[R2-Ethernet0/0/0]quit
[R2]interface Ethernet 0/0/1
[R2-Ethernet0/0/1]ip address 10.0.24.2 24

### 3. 配置 R3 的接口 IP 地址

<Huawei> system-view
[Huawei]sysname R3
[R3]interface LoopBack 0
[R3-LoopBack0]ip address 3.3.3.3 32
[R3-LoopBack0]quit
[R3]interface Ethernet 0/0/0
[R3-Ethernet0/0/0]ip address 10.0.13.3 24
[R3-Ethernet0/0/0]quit
[R3]interface Ethernet 0/0/1
[R3-Ethernet0/0/1]ip address 10.0.34.3 24

### 4. 配置 R4 的接口 IP 地址

<Huawei> system-view
[Huawei]sysname R4
[R4]interface LoopBack 0
[R4-LoopBack0]ip address 4.4.4.4 32
[R4-LoopBack0]quit
[R4]interface Ethernet 0/0/0
[R4-Ethernet0/0/0]ip address 10.0.24.4 24
[R4-Ethernet0/0/0]quit
[R4]interface Ethernet 0/0/1
[R4-Ethernet0/0/1]ip address 10.0.34.4 24

## (二)开启 R1~R4 上的 RIP 路由协议并宣告网络

### 1. 配置 R1

[R1]rip 1
[R1-rip-1]version 2
[R1-rip-1]network 10.0.0.0
[R1-rip-1]network 1.0.0.0

### 2. 配置 R2

[R2]rip 1
[R2-rip-1]version 2
[R2-rip-1]network 10.0.0.0
[R2-rip-1]network 2.0.0.0

### 3. 配置 R3

[R3]rip 1
[R3-rip-1]version 2
[R3-rip-1]network 10.0.0.0
[R3-rip-1]network 3.0.0.0

### 4. 配置 R4

```
[R4]rip 1
[R4-rip-1]version 2
[R4-rip-1]network 10.0.0.0
[R4-rip-1]network 4.0.0.0
```

## (三)验证 RIP 路由

```
[R1]display ip routing-table protocol rip
Route Flags: R-relay, D-download to fib
----------------------------------------------------------------

Public routing table : RIP
        Destinations : 5        Routes : 6
RIP routing table status : <Active>
        Destinations : 5        Routes : 6
Destination/Mask    Proto    Pre  Cost     Flags  NextHop      Interface
        2.2.2.2/32  RIP      100  1        D      10.0.12.2    Ethernet0/0/0
        3.3.3.3/32  RIP      100  1        D      10.0.13.3    Ethernet0/0/1
        4.4.4.4/32  RIP      100  2        D      10.0.13.3    Ethernet0/0/1
                    RIP      100  2        D      10.0.12.2    Ethernet0/0/0
      10.0.24.0/24  RIP      100  1        D      10.0.12.2    Ethernet0/0/0
      10.0.34.0/24  RIP      100  1        D      10.0.13.3    Ethernet0/0/1
RIP routing table status : <Inactive>
        Destinations : 0        Routes : 0
```

可以看到,R1 已经通过 RIP 协议学习到了所有的目的网络,其中到达 4.4.4.4 的路由共有两条,其下一跳分别为 10.0.13.3 和 10.0.12.2,按负载均衡的方式分担流量。

## (四)修改接口的 Metric 值

RIP 协议计算 Cost(路径开销)值的方法是累计跳数(直观上看就是经过了多少台路由器),下面我们通过人为修改接口的 RIP Metric 值(度量值,即跳数)的方法来观察 RIP 协议在选路上的变化。

**注意**:默认情况下 Metric in 值为 0(入方向度量值),Metric out 值为 1(出方向度量值)。

### 1. 将 R1 E0/0/0 口的入方向的 Metric 值修改为 5

```
[R1]interface Ethernet 0/0/0
[R1-Ethernet0/0/0]rip metric in 5
```

### 2. 验证结果

```
<R1> display ip routing-table protocol rip
Route Flags: R-relay, D-download to fib
----------------------------------------------------------------

Public routing table : RIP
        Destinations : 5        Routes : 5
RIP routing table status : <Active>
        Destinations : 5        Routes : 5
Destination/Mask    Proto    Pre  Cost     Flags  NextHop      Interface
        2.2.2.2/32  RIP      100  3        D      10.0.13.3    Ethernet0/0/1
        3.3.3.3/32  RIP      100  1        D      10.0.13.3    Ethernet0/0/1
```

| | | | | | | |
|---|---|---|---|---|---|---|
| 4.4.4.4/32 | RIP | 100 | 2 | D | 10.0.13.3 | Ethernet0/0/1 |
| 10.0.24.0/24 | RIP | 100 | 2 | D | 10.0.13.3 | Ethernet0/0/1 |
| 10.0.34.0/24 | RIP | 100 | 1 | D | 10.0.13.3 | Ethernet0/0/1 |

RIP routing table status : <Inactive>
　　　　Destinations : 0　　　Routes : 0

可以看到,路由表发生了以下变化(注意:要经过 30 s 左右的收敛时间):

(1)到达 2.2.2.2 的 Cost 值变为了 3,出接口为 E0/0/1,因为通过 E0/0/0 口到达 2.2.2.2 的 Cost 值为 6(计算方法:R2 E0/0/0 口的 Metric out 值 1 + R1 E0/0/0 口的 Metric in 值 5),比经过 E0/0/1 口的开销还要大,路径跟踪的结果如下:

```
<R1> tracert -a 1.1.1.1 2.2.2.2
traceroute to  2.2.2.2(2.2.2.2), max hops: 30 ,packet length: 40
1 10.0.13.3   120 ms   50 ms   30 ms
2 10.0.34.4   90 ms   60 ms   70 ms
3 10.0.24.2   120 ms   80 ms   50 ms
<R1>
```

(2)到达 4.4.4.4 的路由条目只有一条了,因为经过 R3 到达 R4 的路径更优(Cost 值更小),RIP 总是选择最优的路径放入路由表的。

### 3. 将 R4 E0/0/1 口的出方向的 Metric 值修改为 10

```
[R4]interface e0/0/1
[R4-Ethernet0/0/1]rip metric out 10
```

### 4. 验证结果

```
[R1]dis ip routing-table protocol rip
Route Flags: R-relay, D-download to fib
```
------------------------------------------------------------------------

Public routing table : RIP
　　　　Destinations : 5　　　Routes : 5
RIP routing table status : <Active>
　　　　Destinations : 5　　　Routes : 5

| Destination/Mask | Proto | Pre | Cost | Flags | NextHop | Interface |
|---|---|---|---|---|---|---|
| 2.2.2.2/32 | RIP | 100 | 6 | D | 10.0.12.2 | Ethernet0/0/0 |
| 3.3.3.3/32 | RIP | 100 | 1 | D | 10.0.13.3 | Ethernet0/0/1 |
| 4.4.4.4/32 | RIP | 100 | 7 | D | 10.0.12.2 | Ethernet0/0/0 |
| 10.0.24.0/24 | RIP | 100 | 6 | D | 10.0.12.2 | Ethernet0/0/0 |
| 10.0.34.0/24 | RIP | 100 | 1 | D | 10.0.13.3 | Ethernet0/0/1 |

RIP routing table status : <Inactive>
　　　　Destinations : 0　　　Routes : 0

可以看到,RIP 路由表又发生了变化,到达 4.4.4.4 的出接口重新变为了 E0/0/0,Cost 值变为了 7,因为经 E0/0/1 口的 Cost 值为 11。

### (五)禁用端口的 RIP 收发功能

### 1. 禁用 R4 E0/0/0 口的 RIP 收发功能

```
[R4-Ethernet0/0/0]undo rip output
[R4-Ethernet0/0/0]undo rip input
```

**2. 验证结果**

```
[R1]dis ip routing-table protocol rip
Route Flags: R-relay, D-download to fib
------------------------------------------------------------------------------
Public routing table : RIP
        Destinations : 5         Routes : 5
RIP routing table status : <Active>
        Destinations : 5         Routes : 5
Destination/Mask    Proto   Pre  Cost     Flags   NextHop      Interface
    2.2.2.2/32      RIP     100  6        D       10.0.12.2    Ethernet0/0/0
    3.3.3.3/32      RIP     100  1        D       10.0.13.3    Ethernet0/0/1
    4.4.4.4/32      RIP     100  11       D       10.0.13.3    Ethernet0/0/1
    10.0.24.0/24    RIP     100  6        D       10.0.12.2    Ethernet0/0/0
    10.0.34.0/24    RIP     100  1        D       10.0.13.3    Ethernet0/0/1
RIP routing table status : <Inactive>
        Destinations : 0         Routes : 0
```

可以看到,到达 4.4.4.4 的 Cost 值又变为了 11,出接口为 E0/0/1,因为 R4 E0/0/0 口上禁用 RIP 收发功能后,R1 将不能从 R2 上学习到 R4 的路由表了。

类似的功能还包括 RIP 静默端口,比如:

```
[R1-rip-1]silent-interface Ethernet 0/0/0
```

RIP 静默端口的本质是只接收 RIP 报文,不发送 RIP 报文,相当于"undo rip output"。

### (六)配置 RIP 认证

**1. 使能 R1 0/0/1 接口的 RIP 认证功能**

配置 E0/0/1 接口使用明文密码认证,密码为 abc。

```
[R1-Ethernet0/0/1]rip authentication-mode simple abc
```

**2. 验证结果**

```
[R1]dis ip routing-table protocol rip
```

可以看到,R1 的路由表中只有 R2 的路由信息了,因为 R1 和 R3 之间存在认证错误,R1 无法通过 R3 学习 RIP 路由了。

**注意:**R1 旧有的 RIP 路由表项,至少需要等待 180 s 的死亡时间才能从路由表中彻底消失,可以先关闭 R1 的 E0/0/1 口,再次打开该端口,便能即刻看到结果。

开启 R1 的调试功能,输入以下两条命令:

```
<R1> terminal debugging
<R1> debugging rip 1 error
```

可以看到如下的错误提示信息:

```
Mar 19 2023 12:19:12.740.8-08:00 R1 RIP/7/DBG: 6: 11386: RIP 1: Authentication failure
Mar 19 2023 12:19:12.740.9-08:00 R1 RIP/7/DBG: 6: 1676: RIP 1: Process message failed
```

**3. 使能 R3 0/0/0 接口的 RIP 认证功能**

在对端开启同样的 RIP 认证,并配置相同的认证密码:

```
[R3]interface Ethernet 0/0/0
[R3-Ethernet0/0/0]rip authentication-mode simple abc
```

**4. 验证结果**

```
<R1> dis ip routing-table protocol rip
Route Flags: R-relay, D-download to fib
------------------------------------------------------------------------

Public routing table : RIP
        Destinations : 5      Routes : 5
RIP routing table status : <Active>
        Destinations : 5      Routes : 5
Destination/Mask    Proto   Pre  Cost      Flags  NextHop        Interface
    2. 2. 2. 2/32    RIP     100  6         D      10. 0. 12. 2   Ethernet0/0/0
    3. 3. 3. 3/32    RIP     100  1         D      10. 0. 13. 3   Ethernet0/0/1
    4. 4. 4. 4/32    RIP     100  11        D      10. 0. 13. 3   Ethernet0/0/1
    10. 0. 24. 0/24  RIP     100  6         D      10. 0. 12. 2   Ethernet0/0/0
    10. 0. 34. 0/24  RIP     100  1         D      10. 0. 13. 3   Ethernet0/0/1
RIP routing table status : <Inactive>
        Destinations : 0      Routes : 0
<R1>
```

可以看到，R1 重新学习到了 R3 和 R4 的路由表。

## (七)配置 RIP 路由汇总

在 R4 上为 Loopback 1 和 Loopback 2 配置 IP 地址：

```
[R4]interface LoopBack 1
[R4-LoopBack1]ip address 4. 4. 4. 41 32
[R4-LoopBack1]quit
[R4]interface LoopBack 2
[R4-LoopBack2]ip address 4. 4. 4. 42 32
```

查看 R1 的 RIP 路由表：

```
<R1> dis ip routing-table protocol rip
Route Flags: R-relay, D-download to fib
------------------------------------------------------------------------

Public routing table : RIP
        Destinations : 7      Routes : 7
RIP routing table status : <Active>
        Destinations : 7      Routes : 7
Destination/Mask    Proto   Pre  Cost      Flags  NextHop        Interface
    2. 2. 2. 2/32    RIP     100  6         D      10. 0. 12. 2   Ethernet0/0/0
    3. 3. 3. 3/32    RIP     100  1         D      10. 0. 13. 3   Ethernet0/0/1
    4. 4. 4. 4/32    RIP     100  11        D      10. 0. 13. 3   Ethernet0/0/1
    4. 4. 4. 41/32   RIP     100  11        D      10. 0. 13. 3   Ethernet0/0/1
    4. 4. 4. 42/32   RIP     100  11        D      10. 0. 13. 3   Ethernet0/0/1
    10. 0. 24. 0/24  RIP     100  6         D      10. 0. 12. 2   Ethernet0/0/0
    10. 0. 34. 0/24  RIP     100  1         D      10. 0. 13. 3   Ethernet0/0/1
```

可以看到，此时 R1 的路由表中是明细路由，并没有汇聚，接下来在 R4 上启用 RIP 路由汇总功能：

```
[R4-rip-1]summary always
```

再次查看 R1 的 RIP 路由表：

```
<R1> dis ip routing-table protocol rip
Route Flags: R-relay, D-download to fib
------------------------------------------------------------------------
Public routing table : RIP
        Destinations : 5        Routes : 5
RIP routing table status : <Active>
        Destinations : 5        Routes : 5
Destination/Mask    Proto  Pre  Cost   Flags  NextHop     Interface
      2.2.2.2/32    RIP    100  6      D      10.0.12.2   Ethernet0/0/0
      3.3.3.3/32    RIP    100  1      D      10.0.13.3   Ethernet0/0/1
      4.0.0.0/8     RIP    100  11     D      10.0.13.3   Ethernet0/0/1
     10.0.24.0/24   RIP    100  6      D      10.0.12.2   Ethernet0/0/0
     10.0.34.0/24   RIP    100  1      D      10.0.13.3   Ethernet0/0/1
```

可以看到，R4 的 3 个 Loopback 地址已经被汇总为一个路由条目 4.0.0.0/8 了，注意 RIP 是按大类进行汇总的。

## 四、测试并验证结果

(1)RIP 路由协议工作正常。
(2)RIP 协议 Metric 值工作正常。
(3)RIP 端口收发功能工作正常。
(4)RIP 认证工作正常。
(5)RIP 路由汇总工作正常。

## 五、项目小结与知识拓展

RIP 是路由信息协议的简称，它是一种基于距离矢量算法的协议，使用跳数作为度量来衡量到达目的网络的距离，主要应用于规模较小的网络中。

RIP 网络稳定以后，每个路由器会周期性地向邻居路由器通告自己的整张路由表中的路由信息，默认周期为 30 s，邻居路由器根据收到的路由信息刷新自己的路由表。路由表中的每一路由项都对应了一个老化定时器，当路由项在 180 s 内没有任何更新时，定时器超时，该路由项的度量值变为不可达。

RIP 规定跳数的取值范围为 0~15 之间的整数，大于 15 的跳数被定义为无穷大，即目的网络或主机不可达。

RIP 包括 RIPv1 和 RIPv2 两个版本，二者的主要区别有：

(1)RIPv1 为有类别路由协议，不支持 VLSM 和 CIDR；RIPv2 为无类别路由协议，支持 VLSM，支持路由聚合与 CIDR。

(2)RIPv1 使用广播发送报文；RIPv2 有两种发送方式，即广播方式和组播方式，缺省是组播方式。RIPv2 的组播地址为 224.0.0.9。

(3)RIPv1 不支持认证功能，RIPv2 支持明文认证和 MD5 密文认证。

RIP 协议在环路中会出现无穷计算问题，即到达目的网络的跳数会逐渐趋于无穷大，解决该问题的方法有：

（1）定义最大跳数：最大跳数为 15 跳，超过 15 跳表示目的地不可达。

（2）水平分割：路由器从某个接口学习到的路由，不会再从该接口发出去。

（3）毒性反转：路由器从某个接口学习到路由之后，发回给邻居路由器时会将该路由的跳数设置为 16。

（4）触发更新：允许路由器立即发送触发更新报文给邻居路由器，来通知路由信息更新，而不需要等待更新定时器超时，从而加速了网络收敛。

# 项目十一
# OSPF 单区域路由

在所有的 IGP 路由协议(RIP、OSPF、ISIS 等等)中,OSPF 被广泛认同为 IGP 路由协议的标准,大量园区网络均使用了 OSPF 路由协议,市场认可度极高。OSPF 是一个链路状态路由协议,通过计算到达目的端的带宽总开销来衡量一条路径的优劣(带宽越大,开销越小),特别适合用于大中型的园区网络。本项目介绍 OSPF 路由协议的一些基本概念、收敛过程、配置方法。

**学习目标**

1. 掌握 OSPF 路由的工作原理。
2. 掌握 OSPF 路由的基本配置方法。
3. 理解 OSPF 区域、DR/BDR、LSDB 等基本概念。

一、网络拓扑图

OSPF 路由如图 1.11.1 所示。

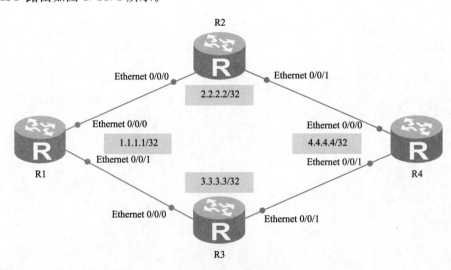

图 1.11.1　OSPF 路由

二、环境与设备要求

(1)按表 1.11.1 所列清单准备好网络设备,并依图 1.11.1 搭建网络拓扑图。

表 1.11.1 设备清单

| 设 备 | 型 号 | 数 量 |
|---|---|---|
| 路由器 | Router | 4 |

（2）为计算机和相关接口配置 IP 地址，设备配置清单见表 1.11.2。

表 1.11.2 设备配置清单

| 设 备 | 连接端口 | IP 地址 | 子网掩码 | 网 关 |
|---|---|---|---|---|
| R1 E0/0/0 | R2 E0/0/0 | 10.0.12.1 | 255.255.255.0 | — |
| R1 E0/0/1 | R3 E0/0/0 | 10.0.13.1 | 255.255.255.0 | — |
| R2 E0/0/0 | R1 E0/0/0 | 10.0.12.2 | 255.255.255.0 | — |
| R2 E0/0/1 | R4 E0/0/0 | 10.0.24.2 | 255.255.255.0 | — |
| R3 E0/0/0 | R1 E0/0/1 | 10.0.13.3 | 255.255.255.0 | — |
| R3 E0/0/1 | R4 E0/0/1 | 10.0.34.3 | 255.255.255.0 | — |
| R4 E0/0/0 | R2 E0/0/1 | 10.0.24.4 | 255.255.255.0 | — |
| R4 E0/0/1 | R3 E0/0/1 | 10.0.34.4 | 255.255.255.0 | — |
| R1 Loopback 0 | — | 1.1.1.1 | 255.255.255.0 | — |
| R2 Loopback 0 | — | 2.2.2.2 | 255.255.255.0 | — |
| R3 Loopback 0 | — | 3.3.3.3 | 255.255.255.0 | — |
| R4 Loopback 0 | — | 4.4.4.4 | 255.255.255.0 | — |

（3）在 R1～R4 上配置 OSPF 路由，使得 4 台路由器均能互通。

## 三、认知与配置过程

### （一）按要求配置 R1～R4 的接口 IP 地址

#### 1. 配置 R1 的接口 IP 地址

```
<Huawei> system-view
[Huawei]sysname R1
[R1]interface LoopBack 0
[R1-LoopBack0]ip address 1.1.1.1 32
[R1-LoopBack0]quit
[R1]interface Ethernet 0/0/0
[R1-Ethernet0/0/0]ip address 10.0.12.1 24
[R1-Ethernet0/0/0]quit
[R1]interface Ethernet 0/0/1
[R1-Ethernet0/0/1]ip address 10.0.13.1 24
```

#### 2. 配置 R2 的接口 IP 地址

```
<Huawei> system-view
[Huawei]sysname R2
[R2]interface LoopBack 0
[R2-LoopBack0]ip address 2.2.2.2 32
[R2-LoopBack0]quit
[R2]interface Ethernet 0/0/0
[R2-Ethernet0/0/0]ip address 10.0.12.2 24
```

网络系统建设与运维

[R2-Ethernet0/0/0]quit

[R2]interface Ethernet 0/0/1

[R2-Ethernet0/0/1]ip address 10. 0. 24. 2 24

### 3. 配置 R3 的接口 IP 地址

<Huawei> system-view

[Huawei]sysname R3

[R3]interface LoopBack 0

[R3-LoopBack0]ip address 3. 3. 3. 3 32

[R3-LoopBack0]quit

[R3]interface Ethernet 0/0/0

[R3-Ethernet0/0/0]ip address 10. 0. 13. 3 24

[R3-Ethernet0/0/0]quit

[R3]interface Ethernet 0/0/1

[R3-Ethernet0/0/1]ip address 10. 0. 34. 3 24

### 4. 配置 R4 的接口 IP 地址

<Huawei> system-view

[Huawei]sysname R4

[R4]interface LoopBack 0

[R4-LoopBack0]ip address 4. 4. 4. 4 32

[R4-LoopBack0]quit

[R4]interface Ethernet 0/0/0

[R4-Ethernet0/0/0]ip address 10. 0. 24. 4 24

[R4-Ethernet0/0/0]quit

[R4]interface Ethernet 0/0/1

[R4-Ethernet0/0/1]ip address 10. 0. 34. 4 24

## (二)开启 R1~R4 上的 OSPF 路由协议并宣告网络

### 1. 配置 R1

[R1]ospf 1 router-id 1. 1. 1. 1

[R1-ospf-1]area 0

[R1-ospf-1-area-0. 0. 0. 0]network 10. 0. 12. 0 0. 0. 0. 255

[R1-ospf-1-area-0. 0. 0. 0]network 10. 0. 13. 0 0. 0. 0. 255

[R1-ospf-1-area-0. 0. 0. 0]network 1. 1. 1. 1 0. 0. 0. 0

### 2. 配置 R2

[R2]ospf 1 router-id 2. 2. 2. 2

[R2-ospf-1]area 0

[R2-ospf-1-area-0. 0. 0. 0]network 10. 0. 12. 0 0. 0. 0. 255

[R2-ospf-1-area-0. 0. 0. 0]network 10. 0. 24. 0 0. 0. 0. 255

[R2-ospf-1-area-0. 0. 0. 0]network 2. 2. 2. 2 0. 0. 0. 0

### 3. 配置 R3

[R3]ospf 1 router-id 3. 3. 3. 3

[R3-ospf-1]area 0

[R3-ospf-1-area-0. 0. 0. 0]network 10. 0. 13. 0 0. 0. 0. 255

[R3-ospf-1-area-0. 0. 0. 0]network 10. 0. 34. 0 0. 0. 0. 255

[R3-ospf-1-area-0. 0. 0. 0]network 3. 3. 3. 3 0. 0. 0. 0

## 4. 配置 R4

```
[R4]ospf 1 router-id 4.4.4.4
[R4-ospf-1]area 0
[R4-ospf-1-area-0.0.0.0]network 10.0.24.0 0.0.0.255
[R4-ospf-1-area-0.0.0.0]network 10.0.34.0 0.0.0.255
[R4-ospf-1-area-0.0.0.0]network 4.4.4.4 0.0.0.0
```

### (三)验证 OSPF 路由

#### 1. 查看 OSPF 路由表

```
<R1> dis ospf routing

OSPF Process 1 with Router ID 1.1.1.1 Routing Tables
Routing for Network

Destination      Cost   Type     NextHop        AdvRouter      Area
1.1.1.1/32       0      Stub     1.1.1.1        1.1.1.1        0.0.0.0
10.0.12.0/24     1      Transit  10.0.12.1      1.1.1.1        0.0.0.0
10.0.13.0/24     1      Transit  10.0.13.1      1.1.1.1        0.0.0.0
2.2.2.2/32       1      Stub     10.0.12.2      2.2.2.2        0.0.0.0
3.3.3.3/32       1      Stub     10.0.13.3      3.3.3.3        0.0.0.0
4.4.4.4/32       2      Stub     10.0.12.2      4.4.4.4        0.0.0.0
4.4.4.4/32       2      Stub     10.0.13.3      4.4.4.4        0.0.0.0
10.0.24.0/24     2      Transit  10.0.12.2      2.2.2.2        0.0.0.0
10.0.34.0/24     2      Transit  10.0.13.3      3.3.3.3        0.0.0.0
Total Nets: 9
Intra Area: 9  Inter Area: 0  ASE: 0  NSSA: 0
```

可以看到,R1 已经通过 OSPF 协议学习到了所有的目的网络,其中到达 4.4.4.4 的路由共有两条,其下一跳分别为 10.0.13.3 和 10.0.12.2,按负载均衡的方式分担流量。

#### 2. 查看 OSPF 接口状态

```
<R1> display ospf interface
OSPF Process 1 with Router ID 1.1.1.1
Interfaces
Area: 0.0.0.0            (MPLS TE not enabled)
IP Address      Type        State    Cost   Pri   DR            BDR
10.0.12.1       Broadcast   BDR      1      1     10.0.12.2     10.0.12.1
10.0.13.1       Broadcast   BDR      1      1     10.0.13.3     10.0.13.1
1.1.1.1         P2P         P-2-P    0      1     0.0.0.0       0.0.0.0
```

可以看到,R1 的 E0/0/(0)E0/0/1 接口的网络类型为广播(Broadcast),状态为 BDR,Cost 值为 1,优先级为 1,DR 为对端路由器的接口 IP 地址;Loopback 0 接口的网络类型为点对点(P2P),Cost 值为 0,优先级为 1,不选举 DR/BDR。

#### 3. 查看 OSPF 邻接关系

```
<R1> display ospf peer brief
OSPF Process 1 with Router ID 1.1.1.1
    Peer Statistic Information
------------------------------------------------------------------
Area ID        Interface                Neighbor ID     State
```

| 0.0.0.0 | Ethernet0/0/0 | 2.2.2.2 | Full |
| 0.0.0.0 | Ethernet0/0/1 | 3.3.3.3 | Full |

------------------------------------------------------------------------

```
<R1>
```

可以看到,R1 和 R2、R3 之间都形成了邻接关系(Full)。

### (四)修改 OSPF 接口的 Cost 值

#### 1. 修改 R1 E0/0/0 接口的 OSPF Cost 值为 10

```
[R1]interface e0/0/0
[R1-Ethernet0/0/0]ospf cost 10
```

#### 2. 查看 R1 的 OSPF 路由表

```
[R1]dis ospf routing
```

OSPF Process 1 with Router ID 1.1.1.1 Routing Tables

Routing for Network

| Destination | Cost | Type | NextHop | AdvRouter | Area |
|---|---|---|---|---|---|
| 1.1.1.1/32 | 0 | Stub | 1.1.1.1 | 1.1.1.1 | 0.0.0.0 |
| 10.0.12.0/24 | 10 | Transit | 10.0.12.1 | 1.1.1.1 | 0.0.0.0 |
| 10.0.13.0/24 | 1 | Transit | 10.0.13.1 | 1.1.1.1 | 0.0.0.0 |
| 2.2.2.2/32 | 3 | Stub | 10.0.13.3 | 2.2.2.2 | 0.0.0.0 |
| 3.3.3.3/32 | 1 | Stub | 10.0.13.3 | 3.3.3.3 | 0.0.0.0 |
| 4.4.4.4/32 | 2 | Stub | 10.0.13.3 | 4.4.4.4 | 0.0.0.0 |
| 10.0.24.0/24 | 3 | Transit | 10.0.13.3 | 4.4.4.4 | 0.0.0.0 |
| 10.0.34.0/24 | 2 | Transit | 10.0.13.3 | 4.4.4.4 | 0.0.0.0 |

Total Nets: 8

Intra Area: 8   Inter Area: 0   ASE: 0   NSSA: 0

可以看到,R1 到达 4.4.4.4 的路由只有一条,其下一跳为 10.0.13.3;到达 10.0.12.0 网络的 Cost 值变为了 10。

注意:OSPF 协议是累计入接口的 Cost 值来计算到达目的网络的总开销的,这与 RIP 协议正好相反,RIP 协议默认是累计出接口的总跳数。OSPF 协议的 Cost 值是根据链路带宽计算出来的,默认 100 MB 以上链路的 Cost 值为 1,带宽越小,Cost 值越大。

### (五)配置 OSPF 静默端口

#### 1. 修改 R4 E0/0/1 接口为静默端口

```
[R4-ospf-1]silent-interface e0/0/1
```

#### 2. 查看 R1 的 OSPF 路由表

```
[R1]dis ospf routing
```

OSPF Process 1 with Router ID 1.1.1.1   Routing Tables

Routing for Network

| Destination | Cost | Type | NextHop | AdvRouter | Area |
|---|---|---|---|---|---|
| 1.1.1.1/32 | 0 | Stub | 1.1.1.1 | 1.1.1.1 | 0.0.0.0 |

| Destination | Cost | Type | NextHop | AdvRouter | Area |
|---|---|---|---|---|---|
| 10. 0. 12. 0/24 | 10 | Transit | 10. 0. 12. 1 | 1. 1. 1. 1 | 0. 0. 0. 0 |
| 10. 0. 13. 0/24 | 1 | Transit | 10. 0. 13. 1 | 1. 1. 1. 1 | 0. 0. 0. 0 |
| 2. 2. 2. 2/32 | 10 | Stub | 10. 0. 12. 2 | 2. 2. 2. 2 | 0. 0. 0. 0 |
| 3. 3. 3. 3/32 | 1 | Stub | 10. 0. 13. 3 | 3. 3. 3. 3 | 0. 0. 0. 0 |
| 4. 4. 4. 4/32 | 11 | Stub | 10. 0. 12. 2 | 4. 4. 4. 4 | 0. 0. 0. 0 |
| 10. 0. 24. 0/24 | 11 | Transit | 10. 0. 12. 2 | 4. 4. 4. 4 | 0. 0. 0. 0 |
| 10. 0. 34. 0/24 | 12 | Stub | 10. 0. 12. 2 | 4. 4. 4. 4 | 0. 0. 0. 0 |

Total Nets: 8

Intra Area: 8　Inter Area: 0　ASE: 0　NSSA: 0

可以看到,R1 到达 4.4.4.4 的 Cost 值变为了 11,下一跳为 10.0.12.2。

OSPF 静默端口的本质是只接收 OSPF 报文,不发送 OSPF 报文,因此 R1 无法通过 R3 学习到 R4 的目的网络了。

### (六)配置 OSPF 认证

#### 1. 配置 R1 E0/0/0 接口为明文密码认证

`[R1-Ethernet0/0/0]ospf authentication-mode simple plain hw`

#### 2. 查看 R1 的 OSPF 路由表

`[R1]dis ospf routing`

OSPF Process 1 with Router ID 1.1.1.1　Routing Tables

Routing for Network

| Destination | Cost | Type | NextHop | AdvRouter | Area |
|---|---|---|---|---|---|
| 1. 1. 1. 1/32 | 0 | Stub | 1. 1. 1. 1 | 1. 1. 1. 1 | 0. 0. 0. 0 |
| 10. 0. 12. 0/24 | 10 | Stub | 10. 0. 12. 1 | 1. 1. 1. 1 | 0. 0. 0. 0 |
| 10. 0. 13. 0/24 | 1 | Transit | 10. 0. 13. 1 | 1. 1. 1. 1 | 0. 0. 0. 0 |
| 3. 3. 3. 3/32 | 1 | Stub | 10. 0. 13. 3 | 3. 3. 3. 3 | 0. 0. 0. 0 |
| 10. 0. 34. 0/24 | 2 | Stub | 10. 0. 13. 3 | 3. 3. 3. 3 | |

Total Nets:5

Intra Area:5　Inter Area: 0　ASE: 0　NSSA: 0

可以看到,R1 没有到达 R2 和 R4 的路由条目了,因为 R1 和 R2 之间认证错误,无法建立邻接关系。

### 四、测试并验证结果

(1)OSPF 路由协议工作正常。

(2)OSPF 协议 Cost 值工作正常。

(3)OSPF 静默端口工作正常。

(4)OSPF 端口认证工作正常。

### 五、项目小结与知识拓展

OSPF 是一种基于链路状态的路由协议,它从设计上就保证了无路由环路。当网络上路由器越来越多,路由信息流量急剧增长的时候,OSPF 可以将每个自治系统划分为多个区域,并限制每个区域的范围。OSPF 这种分区域的特点,使得 OSPF 特别适用于大中型网络。现在 OSPF 已经成为事实上的 Internet 内部网关路由协议标准。

OSPF 直接运行在 IP 协议之上,使用 IP 协议号 89。OSPF 有五种报文类型,每种报文都使用相同的 OSPF 报文头。

(1)Hello 报文:最常用的一种报文,用于发现、维护邻居关系,并在广播和 NBMA 类型的网络中选举指定路由器 DR 和备份指定路由器 BDR。

(2)DD 报文:两台路由器进行 LSDB 数据库同步时,用 DD 报文来描述自己的 LSDB。DD 报文的内容包括 LSDB 中每一条 LSA 的头部(LSA 的头部可以唯一标识一条 LSA)。LSA 头部只占一条 LSA 的整个数据量的一小部分,所以,这样就可以减少路由器之间的协议报文流量。

(3)LSR 报文:两台路由器互相交换过 DD 报文之后,知道对端的路由器有哪些 LSA 是本地 LSDB 所缺少的,这时需要发送 LSR 报文向对方请求缺少的 LSA,LSR 只包含了所需要的 LSA 的摘要信息。

(4)LSU 报文:用来向对端路由器发送所需要的 LSA。

(5)LSACK 报文:用来对接收到的 LSU 报文进行确认。

OSPF 邻居和邻接关系建立的过程如下:

(1)Down:这是邻居的初始状态,表示没有在邻居失效时间间隔内收到来自邻居路由器的 Hello 数据包。

(2)Attempt:此状态只在 NBMA 网络上存在,表示没有收到邻居的任何信息,但是已经周期性地向邻居发送报文,发送间隔为 Hello Interval。如果 Router Dead Interval 间隔内未收到邻居的 Hello 报文,则转为 Down 状态。

(3)Init:在此状态下,路由器已经从邻居收到了 Hello 报文,但是自己不在所收到的 Hello 报文的邻居列表中,尚未与邻居建立双向通信关系。

(4)2-Way:在此状态下,双向通信已经建立,但是没有与邻居建立邻接关系。这是建立邻接关系以前的最高级状态。

(5)Exstart:这是形成邻接关系的第一个步骤,邻居状态变成此状态以后,路由器开始向邻居发送 DD 报文。主从关系是在此状态下形成的,初始 DD 序列号也是在此状态下决定的。在此状态下发送的 DD 报文不包含链路状态描述。

(6)Exchange:此状态下路由器相互发送包含链路状态信息摘要的 DD 报文,描述本地 LSDB 的内容。

(7)Loading:相互发送 LSR 报文请求 LSA,发送 LSU 报文通告 LSA。

(8)Full:路由器的 LSDB 已经同步。

关于 Router ID:它是一个 32 位的值,唯一地标识了一个自治系统内的路由器,管理员可以为每台运行 OSPF 的路由器手动配置一个 Router ID。如果未手动指定,设备会按照以下规则自动选举 Router ID:如果设备存在多个逻辑接口地址,则路由器使用逻辑接口中最大的 IP 地址作为 Router ID;如果没有配置逻辑接口,则路由器使用物理接口的最大 IP 地址作为 Router ID。在为一台运行 OSPF 的路由器配置新的 Router ID 后,可以在路由器上通过重置 OSPF 进程来更新 Router ID。通常建议手动配置 Router ID,以防止 Router ID 因为接口地址的变化而改变。

OSPF 定义了四种网络类型,分别是点到点网络、广播型网络、NBMA 网络和点到多点网络。点到点网络是指只把两台路由器直接相连的网络。一个运行 PPP 的 64 KB 串行线路就是一个点到点网络的例子。广播型网络是指支持两台以上路由器,并且具有广播能力的网络。一个含有三台路由器的以太网就是一个广播型网络的例子。

每一个含有至少两个路由器的广播型网络和 NBMA 网络都有一个 DR 和 BDR。DR 和 BDR 可以减少邻接关系的数量,从而减少链路状态信息及路由信息的交换次数,这样可以节省带宽,降低对路由器处理能力的压力。一个既不是 DR 也不是 BDR 的路由器只与 DR 和 BDR 形成邻接关系并交换链路状态信息及路由信息,这样就大大减少了大型广播型网络和 NBMA 网络中的邻接关系数量。在没有 DR 的广播网络上,邻接关系的数量可以根据公式 $n(n-1)/2$ 计算出,$n$ 代表参与 OSPF 的路由器接口的数量。

在邻居发现完成之后,路由器会根据网段类型进行 DR 选举。在广播和 NBMA 网络上,路由器会根据参与选举的每个接口的优先级进行 DR 选举。优先级取值范围为 0~255,值越高越优先。缺省情况下,接口优先级为 1。如果一个接口优先级为 0,那么该接口将不会参与 DR 或 BDR 的选举。如果优先级相同时,则比较 Router ID,值越大越优先。为了给 DR 做备份,每个广播和 NBMA 网络上还要选举一个 BDR。BDR 也会与网络上所有的路由器建立邻接关系。

为了维护网络上邻接关系的稳定性,如果网络中已经存在 DR 和 BDR,则新添加进该网络的路由器不会成为 DR 和 BDR,不管该路由器的 Router Priority 是否最大(DR、BDR 具有不可抢占性)。如果当前 DR 发生故障,则当前 BDR 自动成为新的 DR,网络中重新选举 BDR;如果当前 BDR 发生故障,则 DR 不变,重新选举 BDR。这种选举机制的目的是保持邻接关系的稳定,使拓扑结构的改变对邻接关系的影响尽量小。

OSPF 基于接口带宽计算开销(Cost 值),计算公式为:接口开销＝带宽参考值÷带宽。带宽参考值可配置,缺省为 100 Mbit/s。以此,一个 64 kbit/s 串口的开销为 1 562,一个 E1 接口(2.048 Mbit/s)的开销为 48,但要注意 Cost 值为整数值,最小值为 1,比如千兆口的 Cost 仍然为 1。

命令 bandwidth-reference 可以用来调整带宽参考值,从而改变接口开销,带宽参考值越大,开销越准确。在支持 10 Gbit/s 速率的情况下,推荐将带宽参考值提高到 10 000 Mbit/s 来分别为 10 Gbit/s、1 Gbit/s 和 100 Mbit/s 的链路提供(1)10 和 100 的开销。注意,配置带宽参考值时,需要在整个 OSPF 网络中统一进行调整。

另外,还可以通过 OSPF Cost 命令来手动为一个接口调整开销,开销值范围是 1~65 535,缺省值为 1。

Hello 报文中的 Router Dead Interval 字段代表死亡间隔,如果在此时间内未收到邻居发来的 Hello 报文,则认为邻居失效。死亡间隔是 Hello 间隔的 4 倍,在广播网络上缺省为 40 s(Hello 间隔缺省为 10 s)。

在广播网络上,DR 和 BDR 都使用组播地址 224.0.0.5 来发送链路状态更新报文,使用组播地址 224.0.0.6 来接收链路状态更新报文。

# 项目十二
# OSPF 多区域路由与外部路由

为了适应大型园区网络结构复杂、路由控制精细的特点,OSPF 在设计之初就考虑了这些因素,引入了大量的角色概念(如区域、ABR、ASBR、DR、BDR 等等),这也对网络管理人员提出了更高要求,在大型 OSPF 网络部署过程中,管理员必须非常清楚 OSPF 的内部工作过程。本项目针对大型 OSPF 网络,介绍了部署过程中的一些基本概念、常见问题和注意事项。

学习目标

1. 掌握 OSPF 区域划分的基本原则。
2. 理解 ABR、ASBR 的概念。
3. 掌握多区域、引入外部路由、下发默认路由的配置方法。

一、网络拓扑图

OSPF 多区域路由与外部路由如图 1.12.1 所示。

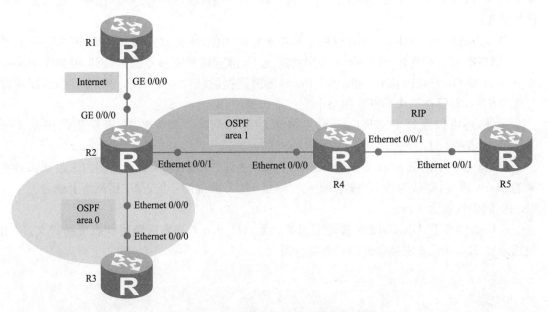

图 1.12.1　OSPF 多区域路由与外部路由

## 二、环境与设备要求

（1）按表1.12.1所列清单准备好网络设备，并依图1.12.1搭建网络拓扑图。

表1.12.1　设备清单

| 设　备 | 型　号 | 数　量 |
| --- | --- | --- |
| 路由器 | Router | 5 |

（2）为计算机和相关接口配置IP地址，设备配置清单见表1.12.2。

表1.12.2　设备配置清单

| 设　备 | 连接端口 | IP地址 | 子网掩码 | 网　关 |
| --- | --- | --- | --- | --- |
| R1 G0/0/0 | R2 G0/0/0 | 10.0.12.1 | 255.255.255.0 | — |
| R2 G0/0/0 | R1 G0/0/0 | 10.0.12.2 | 255.255.255.0 | — |
| R2 E0/0/0 | R3 E0/0/0 | 10.0.23.2 | 255.255.255.0 | — |
| R2 E0/0/1 | R4 E0/0/0 | 10.0.24.2 | 255.255.255.0 | — |
| R3 E0/0/0 | R2 E0/0/0 | 10.0.23.3 | 255.255.255.0 | — |
| R4 E0/0/0 | R2 E0/0/1 | 10.0.24.4 | 255.255.255.0 | — |
| R4 E0/0/1 | R5 E0/0/1 | 10.0.45.4 | 255.255.255.0 | — |
| R5 E0/0/1 | R4 E0/0/1 | 10.0.45.5 | 255.255.255.0 | — |
| R1 Loopback 0 | — | 1.1.1.1 | 255.255.255.0 | — |
| R2 Loopback 0 | — | 2.2.2.2 | 255.255.255.0 | — |
| R3 Loopback 0 | — | 3.3.3.3 | 255.255.255.0 | — |
| R4 Loopback 0 | — | 4.4.4.4 | 255.255.255.0 | — |
| R5 Loopback 0 | — | 5.5.5.5 | 255.255.255.0 | — |

（3）按图1.12.1要求在各台路由器上配置相关路由协议，使得R1～R5的Loopback 0口之间能够两两互通。

## 三、认知与配置过程

### （一）按要求配置各台路由器的接口IP地址

#### 1. 配置R1的接口IP地址

```
<Huawei> system-view
[Huawei]sysname R1
[R1]interface LoopBack 0
[R1-LoopBack 0]ip address 1.1.1.1 32
[R1-LoopBack 0]quit
[R1]interface GigabitEthernet 0/0/0
[R1-GigabitEthernet0/0/0]ip address 10.0.12.1 24
```

#### 2. 配置R2的接口IP地址

```
<Huawei> system-view
[Huawei]sysname R2
[R2]interface LoopBack 0
```

```
[R2-LoopBack0]ip address 2.2.2.2 32
[R2-LoopBack0]quit
[R2]interface e0/0/0
[R2-Ethernet0/0/0]ip address 10.0.23.2 24
[R2-Ethernet0/0/0]quit
[R2]interface e0/0/1
[R2-Ethernet0/0/1]ip address 10.0.24.2 24
[R2-Ethernet0/0/1]quit
[R2]interfaceg0/0/0
[R2-GigabitEthernet0/0/0]ip address 10.0.12.2 24
```

### 3. 配置 R3 的接口 IP 地址

```
<Huawei> system-view
[Huawei]sysname R3
[R3]interface LoopBack 0
[R3-LoopBack0]ip address 3.3.3.3 24
[R3-LoopBack0]quit
[R3]interface e0/0
[R3-Ethernet0/0/0]ip address 10.0.23.3 24
```

### 4. 配置 R4 的接口 IP 地址

```
<Huawei> system-view
[Huawei]sysname R4
[R4]interface LoopBack 0
[R4-LoopBack0]ip address 4.4.4.4 32
[R4-LoopBack0]quit
[R4]int e0/0/0
[R4-Ethernet0/0/0]ip address 10.0.24.4 24
[R4-Ethernet0/0/0]quit
[R4-Ethernet0/0/1]ip address 10.0.45.4 24
```

### 5. 配置 R5 的接口 IP 地址

```
<Huawei> system-view
[Huawei]sysname R5
[R5]interface LoopBack 0
[R5-LoopBack0]ip address 5.5.5.5 32
[R5-LoopBack0]quit
[R5]interface e0/0/1
[R5-Ethernet0/0/1]ip address 10.0.45.5 24
```

## (二)配置各台路由器的路由协议

### 1. 配置 R1 上的路由协议

```
[R1]ip route-static 0.0.0.0 0.0.0.0 10.0.12.2
```

R1 用于模拟运营商,为简化起见,利用一条默认路由指向 R2,不运行任何动态路由协议。

### 2. 配置 R2 上的路由协议

```
[R2]ospf 1 router-id 2.2.2.2
[R2-ospf-1]area 0
[R2-ospf-1-area-0.0.0.0]network2.2.2.2 0.0.0.0
```

```
[R2-ospf-1-area-0.0.0.0]network 10.0.23.0 0.0.0.255
[R2-ospf-1-area-0.0.0.0]quit
[R2-ospf-1]area 1
[R2-ospf-1-area-0.0.0.1]network 10.0.24.0 0.0.0.255
```

**注意:**R2 的 Loopback 0 口和 E0/0/0 口部署在区域 0 中, E0/0/1 口部署在区域 1 中, OSPF 的区域划分是基于接口的, 因此同一台路由器可能连接多个区域。

### 3. 配置 R3 上的路由协议

```
[R3]ospf 1 router-id 3.3.3.3
[R3-ospf-1]area 0
[R3-ospf-1-area-0.0.0.0]network 3.3.3.3 0.0.0.0
[R3-ospf-1-area-0.0.0.0]network 10.0.23.0 0.0.0.255
```

### 4. 配置 R4 上的路由协议

```
[R4]ospf 1 router-id 4.4.4.4
[R4-ospf-1]area 1
[R4-ospf-1-area-0.0.0.1]network 10.0.24.0 0.0.0.255
[R4-ospf-1-area-0.0.0.1]network 4.4.4.4 0.0.0.0
[R4-ospf-1-area-0.0.0.1]q
[R4-ospf-1]q
[R4]rip 1
[R4-rip-1]version 2
[R4-rip-1]network 10.0.0.0
[R4-rip-1]q
[R4]interface e0/0/0
[R4-Ethernet0/0/0]undo rip input
[R4-Ethernet0/0/0]undo rip output
```

R4 的 E0/0/0 口上运行 OSPF 协议, E0/0/1 口上运行 RIP 协议, 因此 R4 需同时开启 OSPF 和 RIP 进程, 为减少网络流量, 在 E0/0/0 口上关闭了 RIP 收发功能。

### 5. 配置 R5 上的路由协议

```
[R5]rip 1
[R5-rip-1]version  2
[R5-rip-1]network  10.0.0.0
[R5-rip-1]network  5.0.0.0
```

假定 R5 路由器由于性能不足, 不能运行 OSPF 协议, 只能运行 RIP。

### (三)验证 OSPF 路由

查看 R2 的 OSPF 路由表。

```
<R2> display ospf routing

OSPF Process 1 with Router ID 2.2.2.2 Routing Tables

Routing for Network
Destination      Cost    Type       NextHop        AdvRouter        Area
2.2.2.2/32       0       Stub       2.2.2.2        2.2.2.2          0.0.0.0
10.0.23.0/24     1       Transit    10.0.23.2      2.2.2.2          0.0.0.0
10.0.24.0/24     1       Transit    10.0.24.2      2.2.2.2          0.0.0.1
```

| | | | | | |
|---|---|---|---|---|---|
| 3. 3. 3. 3/32 | 1 | Stub | 10. 0. 23. 3 | 3. 3. 3. 3 | 0. 0. 0. 0 |
| 4. 4. 4. 4/32 | 1 | Stub | 10. 0. 24. 4 | 4. 4. 4. 4 | 0. 0. 0. 1 |

Total Nets: 5
Intra Area: 5  Inter Area: 0  ASE: 0  NSSA: 0

可以看到,R1 和 R5 没有出现在路由表中,因为 R1 和 R5 都没有运行 OSPF 协议,不同路由协议之间是不能互相学习路由信息的。

### (四)路由引入

由于 R4 路由器同时运行 OSPF 和 RIP,可以在两个路由协议中互相引入对方的路由信息,从而实现互通。

```
[R4]ospf 1
[R4-ospf-1]import-route rip 1
[R4-ospf-1]quit
[R4]rip 1
[R4-rip-1]import-route ospf 1
```

接下来查看 R2 的 OSPF 路由表。

```
<R2> display ospf routing
```

OSPF Process 1 with Router ID 2. 2. 2. 2   Routing Tables

Routing for Network

| Destination | Cost | Type | NextHop | AdvRouter | Area |
|---|---|---|---|---|---|
| 2. 2. 2. 2/32 | 0 | Stub | 2. 2. 2. 2 | 2. 2. 2. 2 | 0. 0. 0. 0 |
| 10. 0. 23. 0/24 | 1 | Transit | 10. 0. 23. 2 | 2. 2. 2. 2 | 0. 0. 0. 0 |
| 10. 0. 24. 0/24 | 1 | Transit | 10. 0. 24. 2 | 2. 2. 2. 2 | 0. 0. 0. 1 |
| 3. 3. 3. 3/32 | 1 | Stub | 10. 0. 23. 3 | 3. 3. 3. 3 | 0. 0. 0. 0 |
| 4. 4. 4. 4/32 | 1 | Stub | 10. 0. 24. 4 | 4. 4. 4. 4 | 0. 0. 0. 1 |

Routing for ASEs

| Destination | Cost | Type | Tag | NextHop | AdvRouter |
|---|---|---|---|---|---|
| 5. 5. 5. 5/32 | 1 | Type2 | 1 | 10. 0. 24. 4 | 4. 4. 4. 4 |
| 10. 0. 45. 0/24 | 1 | Type2 | 1 | 10. 0. 24. 4 | 4. 4. 4. 4 |

Total Nets: 7
Intra Area: 5  Inter Area: 0  ASE: 2  NSSA: 0

可以看到,R2 的 OSPF 路由表中出现了两条外部路由(ASE),分别为 5.5.5.5 和 10.0.45.0,这是 OSPF 协议引入的 RIP 路由。

接下来查看 R5 的 RIP 路由表。

```
<R5> dis ip routing-table protocol rip
```

RIP routing table status : <Active>

        Destinations : 5        Routes : 5

| Destination/Mask | Proto | Pre | Cost | Flags | NextHop | Interface |
|---|---|---|---|---|---|---|
| 2. 2. 2. 2/32 | RIP | 100 | 1 | D | 10. 0. 45. 4 | Ethernet0/0/1 |
| 3. 3. 3. 3/32 | RIP | 100 | 1 | D | 10. 0. 45. 4 | Ethernet0/0/1 |
| 4. 4. 4. 4/32 | RIP | 100 | 1 | D | 10. 0. 45. 4 | Ethernet0/0/1 |

| 10.0.23.0/24 | RIP | 100 | 1 | | D | 10.0.45.4 | Ethernet0/0/1 |
| 10.0.24.0/24 | RIP | 100 | 1 | | D | 10.0.45.4 | Ethernet0/0/1 |

可以看到,R5 的 RIP 路由表中出现了 R2、R3、R4 的 Loopback 地址,这是 RIP 协议引入的 OSPF 路由。

至此,完成了 R2、R3、R4、R5 四台路由器之间的互通配置。

### (五)默认路由的配置与下发

R2 在网络拓扑图中扮演了出口路由的角色,一般地,出口路由上会配置默认路由以匹配去往 Internet 的流量。

```
[R2]ip route-static 0.0.0.0 0.0.0.0 10.0.12.1
```

测试 R2 和 R1 之间的连通性。

```
[R2]ping -a 2.2.2.2 1.1.1.1
  PING 1.1.1.1: 56  data bytes, press CTRL_C to break
    Reply from 1.1.1.1: bytes=56  Sequence=1  ttl=255  time=70 ms
    Reply from 1.1.1.1: bytes=56  Sequence=2  ttl=255  time=10 ms
    Reply from 1.1.1.1: bytes=56  Sequence=3  ttl=255  time=30 ms
    Reply from 1.1.1.1: bytes=56  Sequence=4  ttl=255  time=50 ms
    Reply from 1.1.1.1: bytes=56  Sequence=5  ttl=255  time=30 ms
---1.1.1.1 ping statistics ---
    5 packet(s) transmitted
    5 packet(s) received
    0.00%  packet loss
    round-trip min/avg/max=10/38/70 ms
```

说明 R2 和 R1 之间已经可以正常通信了,接下来测试 R3、R4 与 R1 之间的连通性。

```
<R3> ping -a 3.3.3.3 1.1.1.1
  PING 1.1.1.1: 56  data bytes, press CTRL_C to break
    Request time out
    Request time out
    Request time out
    Request time out
    Request time out
---1.1.1.1 ping statistics ---
    5 packet(s) transmitted
    0 packet(s) received
    100.00%  packet loss
```

结果表明,R3 并不能与 R1 互通(R4 的测试结果与 R3 相同)。查看 R3 和 R4 的路由表,发现它们的路由表中均没有默认路由。

**1. 配置 OSPF 下发默认路由**

R3、R4 不能与 R1 互通的原因在于 R2 并没有将默认路由下发给 R3 和 R4。接下来在 R2 上配置 OSPF 下发默认路由。

```
[R2-ospf-1]default-route-advertise always
```

查看 R3 和 R4 的路由表。

```
<R3> dis ip routing-table

Route Flags: R-relay, D-download to fib
------------------------------------------------------------------------------
Routing Tables: Public
        Destinations : 12      Routes : 12
Destination/Mask      Proto   Pre  Cost    Flags   NextHop       Interface
      0. 0. 0. 0/0    O_ASE   150  1       D       10. 0. 23. 2  Ethernet0/0/0
      2. 2. 2. 2/32   OSPF    10   1       D       10. 0. 23. 2  Ethernet0/0/0
      3. 3. 3. 0/24   Direct  0    0       D       3. 3. 3. 3    LoopBack0
      3. 3. 3. 3/32   Direct  0    0       D       127. 0. 0. 1  LoopBack0
      4. 4. 4. 4/32   OSPF    10   2       D       10. 0. 23. 2  Ethernet0/0/0
      5. 5. 5. 5/32   O_ASE   150  1       D       10. 0. 23. 2  Ethernet0/0/0
      10. 0. 23. 0/24 Direct  0    0       D       10. 0. 23. 3  Ethernet0/0/0
      10. 0. 23. 3/32 Direct  0    0       D       127. 0. 0. 1  Ethernet0/0/0
      10. 0. 24. 0/24 OSPF    10   2       D       10. 0. 23. 2  Ethernet0/0/0
      10. 0. 45. 0/24 O_ASE   150  1       D       10. 0. 23. 2  Ethernet0/0/0
      127. 0. 0. 0/8  Direct  0    0       D       127. 0. 0. 1  InLoopBack0
      127. 0. 0. 1/32 Direct  0    0       D       127. 0. 0. 1  InLoopBack0
```

可以看到,R3 的路由表中出现了默认路由,类型为 O_ASE,优先级为 150,Cost 值为 1, 下一跳为 10. 0. 23. 2,R4 的路由表与此类同。说明 R2 已经将自己的默认路由通过 OSPF 下发给了 R3 和 R4,同时自动修改了下一跳,接下来测试 R3 和 R1 之间的连通性。

```
<R3> ping -a 3. 3. 3. 3 1. 1. 1. 1
  PING 1. 1. 1. 1: 56   data bytes, press CTRL_C to break
    Reply from 1. 1. 1. 1: bytes =56   Sequence =1   ttl =254   time =80 ms
    Reply from 1. 1. 1. 1: bytes =56   Sequence =2   ttl =254   time =40 ms
    Reply from 1. 1. 1. 1: bytes =56   Sequence =3   ttl =254   time =60 ms
    Reply from 1. 1. 1. 1: bytes =56   Sequence =4   ttl =254   time =30 ms
    Reply from 1. 1. 1. 1: bytes =56   Sequence =5   ttl =254   time =60 ms
---1. 1. 1. 1 ping statistics ---
    5 packet(s) transmitted
    5 packet(s) received
    0. 00%  packet loss
    round-trip min/avg/max =30/54/80 ms
```

结果表明,R3 已经实现了和 R1 的互通(R4 也能与 R1 互通,此处略去测试结果)。

由于 R5 并没有运行 OSPF 协议,通过查看 R5 的路由表,发现 R5 中仍然没有默认路由, 因此 R5 目前仍然是不能与 R1 互通的。

**2. 配置 RIP 下发默认路由**

在 R4 上配置 RIP 下发默认路由。

```
[R4-rip-1]default-route originate
```

接下来查看 R5 的路由表。

```
<R5> dis ip routing-table

Route Flags: R-relay, D-download to fib
------------------------------------------------------------------------------
```

```
Routing Tables: Public
        Destinations : 11      Routes : 11
Destination/Mask    Proto    Pre   Cost       Flags    NextHop        Interface
        0. 0. 0. 0/0        RIP      100   1          D        10. 0. 45. 4    Ethernet0/0/1
        2. 2. 2. 2/32       RIP      100   1          D        10. 0. 45. 4    Ethernet0/0/1
        3. 3. 3. 3/32       RIP      100   1          D        10. 0. 45. 4    Ethernet0/0/1
        4. 4. 4. 4/32       RIP      100   1          D        10. 0. 45. 4    Ethernet0/0/1
        5. 5. 5. 5/32       Direct   0     0          D        127. 0. 0. 1    LoopBack0
        10. 0. 23. 0/24     RIP      100   1          D        10. 0. 45. 4    Ethernet0/0/1
        10. 0. 24. 0/24     RIP      100   1          D        10. 0. 45. 4    Ethernet0/0/1
        10. 0. 45. 0/24     Direct   0     0          D        10. 0. 45. 5    Ethernet0/0/1
        10. 0. 45. 5/32     Direct   0     0          D        127. 0. 0. 1    Ethernet0/0/1
        127. 0. 0. 0/8      Direct   0     0          D        127. 0. 0. 1    InLoopBack0
        127. 0. 0. 1/32     Direct   0     0          D        127. 0. 0. 1    InLoopBack0
<R5>
```

可以看到,R5 的路由表中出现了默认路由表项,接下来测试 R5 和 R1 之间的连通性。

```
<R5> ping -a 5. 5. 5. 5 1. 1. 1. 1
  PING 1. 1. 1. 1: 56   data bytes, press CTRL_C to break
    Reply from 1. 1. 1. 1: bytes =56   Sequence =1   ttl =253   time =110 ms
    Reply from 1. 1. 1. 1: bytes =56   Sequence =2   ttl =253   time =110 ms
    Reply from 1. 1. 1. 1: bytes =56   Sequence =3   ttl =253   time =70 ms
    Reply from 1. 1. 1. 1: bytes =56   Sequence =4   ttl =253   time =110 ms
    Reply from 1. 1. 1. 1: bytes =56   Sequence =5   ttl =253   time =80 ms
---1. 1. 1. 1 ping statistics ---
    5 packet(s) transmitted
    5 packet(s) received
    0. 00%  packet loss
    round-trip min/avg/max =70/96/110 ms
```

至此,R1～R5 之间已经全部实现了互通。

## 四、测试并验证结果

(1)OSPF 多区域配置正常。

(2)OSPF 和 RIP 路由互相引入正常。

(3)OSPF 和 RIP 下发默认路由正常。

(4)R1、R2、R3、R4、R5 之间两两能够互通。

## 五、项目小结与知识拓展

OSPF 支持区域的划分,其中区域 0 为骨干区域,其他区域为非骨干区域,OSPF 规定所有的非骨干区域必须和骨干区域直接连接(包括物理连接和虚链路),各区域之间形成一个以区域 0 为中心的星状拓扑结构,为了避免区域间路由环路,非骨干区域之间不允许直接相互发布路由信息。OSPF 这种区域划分的特点,使得 OSPF 特别适用于大中型网络。

运行在骨干区域和非骨干区域之间的路由器叫作区域边界路由器 ABR,它包含所有相连区域的 LSDB,ABR 的一个重要特点是至少要有一个活动的接口运行在区域 0,比如一台路由器连接了两个非骨干区域,这台路由器并不是 ABR,不能在两个区域之间互相传递 LSDB 信息。

ASBR 是指和其他 AS 中的路由器交换路由信息的路由器,或者说一台运行 OSPF 协议的路由器,如果引入了其他的路由信息(比如 RIP、静态路由等),则它就变成了 ASBR,这种路由器会向整个 AS 通告 AS 外部的路由信息(O_ASE)。

在规模较小的企业网络中,可以把所有的路由器划分到同一个区域中,同一个 OSPF 区域中的路由器中的 LSDB 是完全一致的,一般应将该区域号设置为 0,即骨干区域,便于将来的网络扩展,但要注意一点,设为非 0 区域,网络也是可以正常工作的。

# 项目十三
# 访问控制列表 ACL

前述项目都是为了实现网络的互联互通,然而互联互通只是用户的一个基本需求,在实现互联互通之后,用户往往会有大量的访问控制需求(比如某台服务器只允许一部分用户访问),在入门篇的最后一个项目,我们讲解一个网络访问控制的项目,即 ACL,它可以针对用户的特定需求,制订一系列的访问控制规则,使网络的某些部分不能互联互通,ACL 被大量运用在园区网的通信约束中。

## 学习目标

1. 掌握 ACL 的意义与应用场合。
2. 掌握标准 ACL 的配置。
3. 掌握高级 ACL 的配置。
4. 理解 ACL 的匹配过程并能够进行有效的规则设计。

## 一、网络拓扑图

访问控制列表如图 1.13.1 所示。

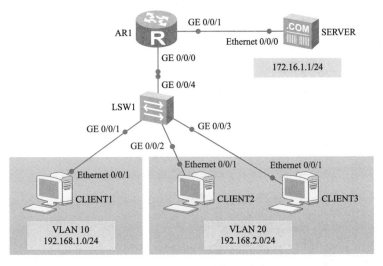

图 1.13.1　访问控制列表

## 二、环境与设备要求

(1)按表 1.13.1 所列清单准备好网络设备,并依图 1.13.1 搭建网络拓扑图。

表 1.13.1  设备清单

| 设　备 | 型　号 | 数　量 |
|---|---|---|
| 交换机 | S5700 | 1 |
| 路由器 | AR3260 | 1 |
| 计算机 | PC | 3 |
| 服务器 | SERVER | 1 |

（2）为计算机和相关接口配置 IP 地址，设备配置清单见表 1.13.2。

表 1.13.2  设备配置清单

| 设　备 | 连接端口 | IP 地址 | 子网掩码 | 网　关 |
|---|---|---|---|---|
| PC1 | LSW1G0/0/1 | 192.168.1.1 | 255.255.255.0 | 192.168.1.254 |
| PC2 | LSW1G0/0/2 | 192.168.2.1 | 255.255.255.0 | 192.168.2.254 |
| PC3 | LSW1 G0/0/3 | 192.168.2.2 | 255.255.255.0 | 192.168.2.254 |
| SERVER | R1 G0/0/1 | 172.16.1.1 | 255.255.255.0 | 172.16.1.254 |
| LSW1VLANIF 10 | — | 192.168.1.254 | 255.255.255.0 | — |
| LSW1VLANIF 20 | — | 192.168.2.254 | 255.255.255.0 | — |
| LSW1VLANIF 100 | R1 G0/0/0 | 10.0.12.2 | 255.255.255.0 | — |
| R1 G0/0/0 | LSW1 G0/0/4 | 10.0.12.1 | 255.255.255.0 | — |
| R1 G0/0/1 | SERVER | 172.16.1.254 | 255.255.255.0 | — |

（3）在 LSW1 上配置标准 ACL，使得 VLAN10 不能访问 SERVER。

（4）在 R1 上配置高级 ACL，使得 PC2 可以访问 SERVER，PC3 不能访问 SERVER。

## 三、认知与配置过程

### （一）配置 PC、交换机、路由器的接口 IP 地址

**1. 配置 PC 和 SERVER 的 IP 地址**

参考第一篇项目二进行配置。

**2. 配置交换机的 VLAN、端口和 VLANIF 的 IP 地址**

```
<Huawei> system-view
[Huawei]sysname SW1
[SW1]vlan batch 10 20 100
[SW1]interface GigabitEthernet 0/0/1
[SW1-GigabitEthernet0/0/1]port link-type access
[SW1-GigabitEthernet0/0/1]port default vlan 10
[SW1-GigabitEthernet0/0/1]quit
[SW1]interface GigabitEthernet 0/0/2
[SW1-GigabitEthernet0/0/2]port link-type access
[SW1-GigabitEthernet0/0/2]port default vlan 20
[SW1-GigabitEthernet0/0/2]quit
[SW1]interface GigabitEthernet 0/0/3
[SW1-GigabitEthernet0/0/3]port link-type access
[SW1-GigabitEthernet0/0/3]port default vlan 20
```

[SW1-GigabitEthernet0/0/3]quit

[SW1]interface GigabitEthernet 0/0/4

[SW1-GigabitEthernet0/0/4]port link-type access

[SW1-GigabitEthernet0/0/4]port default vlan 100

[SW1-GigabitEthernet0/0/4]quit

[SW1]interface Vlanif 10

[SW1-Vlanif10]ip address 192.168.1.254 24

[SW1-Vlanif10]quit

[SW1]interface Vlanif 20

[SW1-Vlanif20]ip address 192.168.2.254 24

[SW1-Vlanif20]quit

[SW1]interface Vlanif 100

[SW1-Vlanif100]ip address 10.0.12.2 24

### 3. 配置路由器的接口 IP 地址

<Huawei> sys

[Huawei]sys R1

[R1]interfaceG0/0/0

[R1-GigabitEthernet0/0/0]ip address 10.0.12.1 24

[R1-GigabitEthernet 0/0/0]quit

[R1]interfaceG0/0/1

[R1-GigabitEthernet 0/0/1]ip address 172.16.1.254 24

## (二)配置 R1 和 SW1 上的 OSPF 路由

### 1. 配置 SW1

[SW1]ospf 1 router-id 2.2.2.2

[SW1-ospf-1]area 0

[SW1-ospf-1-area-0.0.0.0]network 0.0.0.0 0.0.0.0

### 2. 配置 R1

[R1]ospf 1 router-id 1.1.1.1

[R1-ospf-1]area 0

[R1-ospf-1-area-0.0.0.0]network 0.0.0.0 0.0.0.0

### 3. 验证 OSPF 路由

[R1]dis ip routing-table

Route Flags: R-relay, D-download to fib

--------------------------------------------------------------------------------

Routing Tables: Public

Destinations : 8    Routes : 8

| Destination/Mask | Proto | Pre | Cost | Flags | NextHop | Interface |
|---|---|---|---|---|---|---|
| 10.0.12.0/24 | Direct | 0 | 0 | D | 10.0.12.1 | Ethernet0/0/0 |
| 10.0.12.1/32 | Direct | 0 | 0 | D | 127.0.0.1 | Ethernet0/0/0 |
| 127.0.0.0/8 | Direct | 0 | 0 | D | 127.0.0.1 | InLoopBack 0 |
| 127.0.0.1/32 | Direct | 0 | 0 | D | 127.0.0.1 | InLoopBack 0 |
| 172.16.1.0/24 | Direct | 0 | 0 | D | 172.16.1.254 | Ethernet0/0/1 |
| 172.16.1.254/32 | Direct | 0 | 0 | D | 127.0.0.1 | Ethernet0/0/1 |
| 192.168.1.0/24 | OSPF | 10 | 2 | D | 10.0.12.2 | Ethernet0/0/0 |
| 192.168.2.0/24 | OSPF | 10 | 2 | D | 10.0.12.2 | Ethernet0/0/0 |

可以看到,R1 已经学习到了 VLAN10 和 VLAN20 的路由信息。

接下来测试 PC1、PC2、PC3 和 SERVER 之间能否正常通信。

```
PC> ping 172.16.1.1
Ping 172.16.1.1: 32 data bytes, Press Ctrl_C to break
From 172.16.1.1: bytes=32   seq=1   ttl= 253   time=62 ms
From 172.16.1.1: bytes=32   seq=2   ttl= 253   time=31 ms
From 172.16.1.1: bytes=32   seq=3   ttl= 253   time=47 ms
From 172.16.1.1: bytes=32   seq=4   ttl= 253   time=47 ms
From 172.16.1.1: bytes=32   seq=5   ttl= 253   time=31 ms
---172.16.1.1 ping statistics---
  5 packet(s) transmitted
  5 packet(s) received
  0.00%  packet loss
  round-trip min/avg/max=31/43/62 ms
```

测试结果表明,PC1、PC2、PC3 和 SERVER 之间均能正常通信(此处省略 PC2、PC3 和 SERVER 之间的测试结果)。

### (三)在 SW1 上配置标准 ACL

```
[SW1]acl 2000
[SW1-acl-basic-2000]rule deny source 192.168.1.0 0.0.0.255
[SW1-acl-basic-2000]quit
[SW1]interface g0/0/4
[SW1-GigabitEthernet0/0/4]traffic-filter outbound acl 2000
```

接下来测试 PC1 和 SERVER 之间能否通信。

```
PC> ping 172.16.1.1
Ping 172.16.1.1: 32 data bytes, Press Ctrl_C to break
Request timeout!
Request timeout!
Request timeout!
Request timeout!
Request timeout!
---172.16.1.1 ping statistics---
  5 packet(s) transmitted
  0 packet(s) received
  100.00%  packet loss
```

结果表明,PC1 和 SERVER 之间已经不能通信了。这是因为 SW1 上的 ACL2000 阻断了 192.168.1.0 子网从 G0/0/4 接口向外发送流量。ACL2000 绑定在了 SW1 的出接口上。

但此时 PC2 和 PC3 仍然能够与 SERVER 正常通信,因为标准 ACL 是根据源地址来匹配流量的,PC2 和 PC3 所在的子网为 192.168.2.0,与 ACL2000 并不匹配。

### (四)在 R1 上配置高级 ACL

```
[R1]acl 3000
[R1-acl-adv-3000]rule deny ip source 192.168.2.2 0 destination 172.16.1.1 0
[R1-acl-adv-3000]rule permit ip source 192.168.2.0 0.0.0.255 destination   172.16.1.10
```

```
[R1-acl-adv-3000]quit
[R1]int g0/0/0
[R1-GigabitEthernet0/0/0]traffic-filter inbound acl 3000
```

ACL3000 一共配置了两条匹配规则,第一条规则禁止了源主机 192.168.2.2 访问 172.16.1.1,第二条规则允许了源子网 192.168.2.0 访问 172.16.1.1。ACL3000 绑定在了 R1 的入接口上。接下来测试 PC2、PC3 和 SERVER 之间的连通性。

```
PC2> ping 172.16.1.1
Ping 172.16.1.1: 32 data bytes, Press Ctrl_C to break
From 172.16.1.1: bytes=32   seq=1   ttl=253   time=78 ms
From 172.16.1.1: bytes=32   seq=2   ttl=253   time=47 ms
From 172.16.1.1: bytes=32   seq=3   ttl=253   time=31 ms
From 172.16.1.1: bytes=32   seq=4   ttl=253   time=31 ms
From 172.16.1.1: bytes=32   seq=5   ttl=253   time=32 ms
---172.16.1.1 ping statistics---
  5 packet(s) transmitted
  5 packet(s) received
  0.00%  packet loss
  round-trip min/avg/max=31/43/78 ms
PC3> ping 172.16.1.1
Ping 172.16.1.1: 32 data bytes, Press Ctrl_C to break
Request timeout!
Request timeout!
Request timeout!
Request timeout!
Request timeout!
---172.16.1.1 ping statistics---
  5 packet(s) transmitted
  0 packet(s) received
  100.00%  packet loss
```

结果显示,PC2 和 SERVER 可以正常通信,PC3 不能和 SERVER 通信,实现了预期效果。与标准 ACL 不同,高级 ACL 不但可以匹配源地址,还可以匹配目标地址。

## 四、测试并验证结果

测试清单见表 1.13.3。

表 1.13.3　测试清单

| 测试案例 | 测试命令 | 测试结果 |
| --- | --- | --- |
| PC1 ping SERVER | Ping 172.16.1.1 | 不通 |
| PC2 ping SERVER | Ping 172.16.1.1 | 通 |
| PC3 ping SERVER | Ping 172.16.1.1 | 不通 |

## 五、项目小结与知识拓展

访问控制列表 ACL 可以定义一系列不同的规则,设备根据这些规则对数据包进行分类,并针对不同类型的报文进行不同的处理,从而可以实现对网络访问行为的控制、限制网络流量、提高网络性能、防止网络攻击等。

根据不同的划分规则，ACL 可以有不同的分类。最常见的三种分类是基本 ACL、高级 ACL 和二层 ACL。

(1)基本 ACL 可以使用报文的源 IP 地址、分片标记和时间段信息来匹配报文，其编号取值范围是 2 000～2 999。

(2)高级 ACL 可以使用报文的源/目的 IP 地址、源/目的端口号及协议类型等信息来匹配报文。高级 ACL 可以定义比基本 ACL 更准确、更丰富、更灵活的规则，其编号取值范围是 3 000～3 999。

(3)二层 ACL 可以使用源/目的 MAC 地址及二层协议类型等二层信息来匹配报文，其编号取值范围是 4 000～4 999。

一个 ACL 可以由多条"deny | permit"语句组成，每一条语句描述了一条规则。设备收到数据流量后，会逐条匹配 ACL 规则，看其是否匹配。如果不匹配，则匹配下一条。一旦找到一条匹配的规则，则执行规则中定义的动作，并不再继续与后续规则进行匹配。如果找不到匹配的规则，则设备不对报文进行任何处理。需要注意的是，ACL 中定义的这些规则可能存在重复或矛盾的地方。规则的匹配顺序决定了规则的优先级，ACL 通过设置规则的优先级来处理规则之间重复或矛盾的情形。AR 系列路由器支持两种匹配顺序：配置顺序和自动排序。路由器匹配规则时默认采用配置顺序，默认规则编号的步长是 5。

`traffic-filter {inbound|outbound} acl {acl-number}`命令用来在接口上配置基于 ACL 对报文进行过滤，一般地，标准 ACL 绑定在流量的出口方向，高级 ACL 绑定在流量的入口方向。

# 第二篇

## 提 高 篇

# 项目一
# NAT 之 Easy-IP

IPv4 的地址总量约有 43 亿个,远远满足不了全球用户的上网需求。自从 20 世纪 80 年代开始,IETF 就意识到了这个问题并着手开发了 IPv6 标准(RFC2460),但截至目前,仍然有大量的园区网在使用 IPv4 的局域网络。根据 IETF 的建议,这些用户应当使用企业私有的 IPv4 地址,这些地址在公网上是无效的。因此,内部网络的主机在向公网发送数据时,必须在出口路由处执行 NAT 操作,即将 IP 分组的源地址和源端口号做相应的替换,以保证返程的 IP 分组可以正常返回本地园区网。根据园区网络的规模大小,NAT 可以有多种实现方式,对于只有十多台主机的小型网络来说(如家庭网络、微型企业等),最为简单的方式是部署 Easy-IP。在这种方式中,企业可以只占用一个公网合法的 IP 地址即可实现全部内网主机的上网需求,本项目介绍 Easy-IP 的工作原理和配置方法。

## 学习目标

1. 掌握 NAT 的应用场合和工作原理。
2. 掌握 Easy-IP 的配置方法。

## 一、网络拓扑图

NAT 之 Easy-IP 如图 2.1.1 所示。

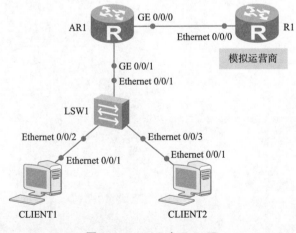

图 2.1.1　NAT 之 Easy-IP

## 二、环境与设备要求

(1)按表2.1.1所列清单准备好网络设备,并依图2.1.1搭建网络拓扑图。

表 2.1.1　设备清单

| 设　　备 | 型　　号 | 数　　量 |
|---|---|---|
| 交换机 | S3700 | 1 |
| 计算机 | PC | 2 |
| 路由器 | AR3260 | 1(用户侧) |
| 路由器 | Router | 1(运营商侧) |

(2)为计算机和相关接口配置IP地址,设备配置清单见表2.1.2。

表 2.1.2　设备配置清单

| 设　　备 | 连接端口 | IP 地址 | 子网掩码 | 网　　关 |
|---|---|---|---|---|
| PC1 | LSW1 E0/0/2 | 192.168.1.1 | 255.255.255.0 | 192.168.1.254 |
| PC2 | LSW1 E0/0/3 | 192.168.1.2 | 255.255.255.0 | 192.168.1.254 |
| LSW1 E0/0/1 | AR1 G0/0/1 | — | — | — |
| AR1 G0/0/1 | LSW1 E0/0/1 | 192.168.1.254 | 255.255.255.0 | — |
| AR1 G0/0/0 | R1 E0/0/0 | 111.111.111.2 | 255.255.255.0 | — |
| R1 E0/0/0 | AR1 G0/0/0 | 111.111.111.1 | 255.255.255.0 | — |
| R1 Loopback 0 | — | 1.1.1.1 | 255.255.255.255 | — |

(3)R1上不得配置任何路由协议,也不配置默认路由。
(4)在AR1的G0/0/0端口上配置Easy-IP,使得PC1和PC2均能够和1.1.1.1通信。

## 三、认知与配置过程

### (一)配置 PC 机和路由器的接口 IP 地址

**1. 配置 PC 机的 IP 地址**
参考第一篇项目二配置。

**2. 配置 AR1 的接口 IP 地址**
[AR1]interface g0/0/0
[AR1-GigabitEthernet0/0/0]ip address 111.111.111.2 24
[AR1-GigabitEthernet0/0/0]quit
[AR1]interface g0/0/1
[AR1-GigabitEthernet0/0/1]ip address 192.168.1.254 24

**3. 配置 R1 的接口 IP 地址**
[R1]interface LoopBack 0
[R1-LoopBack0]ip address 1.1.1.1 32
[R1-LoopBack0]quit
[R1]interface e0/0/0
[R1-Ethernet0/0/0]ip address 111.111.111.1 24

## (二)配置 AR1 上的默认路由

[AR1]ip route-static 0. 0. 0. 0 0. 0. 0. 0 111. 111. 111. 1

## (三)配置 AR1 上基于 G0/0/0 端口的 NAT(即 Easy-IP)

### 1. 配置标准 ACL 用于匹配内网流量

[AR1]acl 2000
[AR1-acl-basic-2000]rule permit source 192. 168. 1. 0 0. 0. 0. 255

### 2. 在 G0/0/0 端口上配置 NAT

[AR1]interface g0/0/0
[AR1-GigabitEthernet0/0/0]nat outbound 2000

## (四)测试 Easy-IP 是否正常工作

### 1. 测试 PC1 是否可以和 1. 1. 1. 1 正常通信

PC> ping 1. 1. 1. 1
Ping 1. 1. 1. 1: 32 data bytes, Press Ctrl_C to break
Request timeout!
From 1. 1. 1. 1: bytes=32   seq=2   ttl=254   time=32 ms
From 1. 1. 1. 1: bytes=32   seq=3   ttl=254   time=31 ms
From 1. 1. 1. 1: bytes=32   seq=4   ttl=254   time=31 ms
From 1. 1. 1. 1: bytes=32   seq=5   ttl=254   time=31 ms
---1. 1. 1. 1 ping statistics---
   5 packet(s) transmitted
   4 packet(s) received
   20. 00%  packet loss
   round-trip min/avg/max=0/31/32 ms

可以看到,从第二个包开始就可以正常通信了,说明 Easy-IP 已经开始工作。PC2 经过测试也可以和 1. 1. 1. 1 正常通信(此处略去测试结果)。

### 2. 抓包测试 NAT 是否进行了地址转换

先在 R1 上抓取 E0/0/0 端口的数据包,然后在 PC2 上 ping 1. 1. 1. 1,观察抓包结果中的源地址列,可以看到源地址为 111. 111. 111. 2,这并不是 PC2 的 IP 地址,而是 AR1 路由器 G0/0/0 口的 IP 地址,说明 NAT 已经进行了源地址转换。Easy-IP 抓包测试如图 2.1.2 所示。

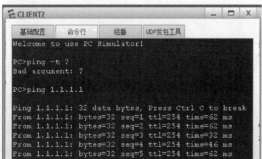

图 2.1.2　Easy-IP 抓包测试

## 四、测试并验证结果

测试清单见表2.1.3。

表 2.1.3 测试清单

| 测试案例 | 测试命令 | 测试结果 |
|---|---|---|
| PC1 pingR1 | Ping 1.1.1.1 | 通 |
| PC2 pingR1 | Ping 1.1.1.1 | 通 |

## 五、项目小结与知识拓展

网络地址转换技术 NAT 主要用于实现位于内部网络的主机访问外部网络的功能。当局域网内的主机需要访问外部网络时,通过 NAT 技术可以将其私网地址转换为公网地址,并且多个私网用户可以共用一个公网地址,是解决 IPv4 地址枯竭的一种非常有效的技术。

NAT 的实现方式有多种,适用于不同的场景。

(1)静态 NAT:可以实现私有地址和公有地址的一对一映射,当内网的服务器需要通过外部网络进行访问时,可以使用静态 NAT 技术。但是在大型网络中,这种一对一的 IP 地址映射无法缓解公用地址短缺的问题。

(2)动态 NAT:需要使用地址池来实现,路由器会从配置的公网地址池中选择一个未使用的公网地址与私网 IP 做映射,每台主机都会分配到地址池中的一个唯一地址。当不需要此连接时,对应的地址映射将会被删除,公网地址也会被恢复到地址池中待用。动态 NAT 地址池中的地址用尽以后,只能等待被占用的公用 IP 被释放,其他主机才能使用它来访问公网。

(3)网络地址端口转换 NAPT:允许多个内部地址映射到同一个公有地址的不同端口,从而利用一个公网 IP 实现多个私网 IP 地址的上网问题,是实践中应用最多的技术。

Easy-IP 是一种简易的 NAPT 应用方案,适用于小规模局域网中的主机访问 Internet 的场景(如家庭、办公室等)。小规模局域网的内部主机不多,路由器的出接口一般会有一个临时的公网 IP 地址(如通过拨号方式获得),Easy-IP 正是利用了这个临时的公网 IP 地址来访问 Internet 的。

nat outbound acl-number 命令用来配置 Easy-IP 地址转换。在本项目中,命令 nat outbound 2000 表示对 ACL2000 定义的地址段(192.168.1.0/24)进行地址转换,并且直接使用 AR1 G0/0/0 接口的 IP 地址作为 NAT 转换后的地址。

**注意:**所有 NAT 相关的实验,必须使用 AR 系列路由器进行配置,不能使用 Router,如果使用 Router,也能够正常配置,但是 NAT 是不工作的,这特别容易让人误以为是配置错误,实验的时候需要特别注意。

# 项目二
# NAT 之 Address-group

Easy-IP 在执行 NAT 操作时,所有内网主机的私有 IP 地址均被替换成出口路由器上公网侧的那个合法 IP 地址(只有 1 个)。由于现在的计算机往往同时运行很多个进程(500 个左右是正常值),每个进程都会占用一个端口号(有效的端口号范围为 0～65 535,1 024 以下的端口号为知名端口,有特殊用途,用户不可使用),这使得能分配到有效端口号的主机数量总共约 100 个,在大型园区网络中(如校园网),这个主机数量是远远不够的。为解决更多内网主机的上网需求,可以申请更多公网合法的 IP 地址(如申请一个"/28"的地址段,14 个可用的 IP 地址),这种 NAT 的工作方式称为"NAT Address-group"。本项目介绍这种 NAT 的工作原理和配置方法。

学习目标

1. 掌握 NAT 的应用场合和工作原理。
2. 掌握 Address-group 的配置方法。

## 一、网络拓扑图

NAT Address-group 如图 2.2.1 所示。

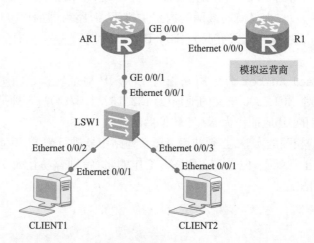

图 2.2.1　NAT Address-group

## 二、环境与设备要求

(1)按表 2.2.1 所列清单准备好网络设备,并依图 2.2.1 搭建网络拓扑图。

表 2.2.1　设备清单

| 设　　备 | 型　　号 | 数　　量 |
|---|---|---|
| 交换机 | S3700 | 1 |
| 计算机 | PC | 2 |
| 路由器 | AR3260 | 1(用户侧) |
| 路由器 | Router | 1(运营商侧) |

(2)为计算机和相关接口配置 IP 地址,设备配置清单见表 2.2.2。

表 2.2.2　设备配置清单

| 设　　备 | 连接端口 | IP 地址 | 子网掩码 | 网　　关 |
|---|---|---|---|---|
| PC1 | LSW1 E0/0/2 | 192.168.1.1 | 255.255.255.0 | 192.168.1.254 |
| PC2 | LSW1 E0/0/3 | 192.168.1.2 | 255.255.255.0 | 192.168.1.254 |
| LSW1 E0/0/1 | AR1 G0/0/1 | — | — | — |
| AR1 G0/0/1 | LSW1 E0/0/1 | 192.168.1.254 | 255.255.255.0 | — |
| AR1 G0/0/0 | R1 E0/0/0 | 111.111.111.2 | 255.255.255.0 | — |
| R1 E0/0/0 | AR1 G0/0/0 | 111.111.111.1 | 255.255.255.0 | — |
| R1 Loopback 0 | — | 1.1.1.1 | 255.255.255.255 | — |

(3)R1 上不得配置任何路由协议,也不配置默认路由。

(4)在 AR1 配置 NAT Address-group,地址段为 10.0.0.1/28~10.0.0.14/28,使得 PC1 和 PC2 均能够和 1.1.1.1 通信。

## 三、认知与配置过程

### (一)配置 PC 机和路由器的接口 IP 地址

**1. 配置 PC 机的 IP 地址**

参考第一篇项目二配置。

**2. 配置 AR1 的接口 IP 地址**

```
[AR1]interface g0/0/0
[AR1-GigabitEthernet0/0/0]ip address 111.111.111.2 24
[AR1-GigabitEthernet0/0/0]quit
[AR1]interface g0/0/1
[AR1-GigabitEthernet0/0/1]ip address 192.168.1.254 24
```

**3. 配置 R1 的接口 IP 地址**

```
[R1]interface LoopBack 0
[R1-LoopBack0]ip address 1.1.1.1 32
[R1-LoopBack0]quit
[R1]interface e0/0/0
[R1-Ethernet0/0/0]ip address 111.111.111.1 24
```

### (二)配置 AR1 上的默认路由

```
[AR1]ip route-static 0.0.0.0 0.0.0.0 111.111.111.1
```

## (三)配置 R1 上关于 NAT 地址池的静态路由

[R1]ip route-static 10.0.0.0 255.255.255.240 111.111.111.2

**注意**:NAT 地址池中的 IP 地址必须是经过运营商授权的,即运营商路由器中应该已经配置了关于这部分 IP 地址的路由信息。

## (四)配置 AR1 上基于 Address-group 的 NAT

### 1. 配置标准 ACL 用于匹配内网流量
[AR1]acl 2000
[AR1-acl-basic-2000]rule permit source 192.168.1.0 0.0.0.255

### 2. 配置 NAT 地址池
[AR1]nat address-group0 10.0.0.1 10.0.0.14

### 3. 在 G0/0/0 端口上配置 NAT Address-group
[AR1]interface g0/0/0
[AR1-GigabitEthernet0/0/0]nat outbound 2000 address-group 0

## (五)测试 NAT Address-group 是否正常工作

### 1. 测试 PC1 是否可以和 1.1.1.1 正常通信
```
PC> ping 1.1.1.1
Ping 1.1.1.1: 32 data bytes, Press Ctrl_C to break
From 1.1.1.1: bytes=32  seq=1  ttl=254  time=62 ms
From 1.1.1.1: bytes=32  seq=2  ttl=254  time=47 ms
From 1.1.1.1: bytes=32  seq=3  ttl=254  time=31 ms
From 1.1.1.1: bytes=32  seq=4  ttl=254  time=47 ms
From 1.1.1.1: bytes=32  seq=5  ttl=254  time=63 ms
---1.1.1.1 ping statistics---
  5 packet(s) transmitted
  5 packet(s) received
  0.00%  packet loss
  round-trip min/avg/max=31/50/63 ms
```

可以看到,PC1 能够和 1.1.1.1 正常通信,说明 NAT Address-group 已经开始工作。PC2 经过测试也可以和 1.1.1.1 正常通信(此处略去测试结果)。

### 2. 抓包测试 NAT 是否进行了地址转换
先在 R1 上抓取 E0/0/0 端口的数据包,然后在 PC2 上 ping 1.1.1.1,观察抓包结果中的源地址列,可以看到源地址为 10.0.0.1,这并不是 PC2 的 IP 地址,而是 AR1 路由器 NAT 地址池中的第一个 IP 地址,说明 NAT 地址池已经开始提供地址转换服务。NAT Address-group 抓包测试如图 2.2.2 所示。

## 四、测试并验证结果

测试清单见表 2.2.3。

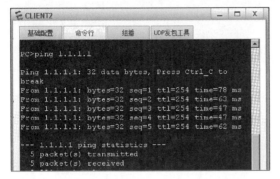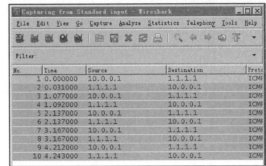

图 2.2.2　NAT Address-group 抓包测试

表 2.2.3　测试清单

| 测试案例 | 测试命令 | 测试结果 |
| --- | --- | --- |
| PC1 pingR1 | Ping 1.1.1.1 | 通 |
| PC2 pingR1 | Ping 1.1.1.1 | 通 |

## 五、项目小结与知识拓展

nat address-group 命令用来配置 NAT 地址池。AR 系列路由器的 NAT 地址池的最大数量为 8 个,编号为 0~7。

nat outbound acl-number address-group X 命令用来将一个访问控制列表 ACL 和一个地址池关联起来,表示 ACL 中规定的地址可以使用地址池进行地址转换。

与 Easy-IP 相比,使用 Address-group 方式的 NAT 更加适用于大中型网(如校园网),根据内网计算机数量的大小,申请适量的公网 IP 地址。

# 项目三
# NAT 之 NAT-Server

NAT 解决了内网用户的上网需求问题（由内到外），但企业很可能有自己的服务器（Web、DNS 等），需要从公网侧来访问（由外到内），然而服务器的 IP 地址也是私有地址，公网侧是无法直接访问的（路由不可达），NAT-Server 即是解决该问题的一种有效手段，通过在出口路由器上配置公网地址到私网地址的映射，公网用户即可通过这个公网地址访问企业内部的服务器了。与 NAT 不同，NAT-Server 替换的是 IP 分组的目的地址。本项目介绍 NAT-Server 的工作原理和具体配置过程。

### 学习目标

1. 掌握 NAT-Server 的应用场合与工作原理。
2. 掌握 NAT-Server 的配置方法。

## 一、网络拓扑图

NAT Server 如图 2.3.1 所示。

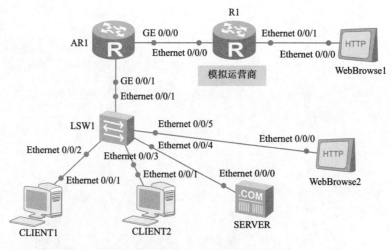

图 2.3.1　NAT-Server

## 二、环境与设备要求

（1）按表 2.3.1 所列清单准备好网络设备，并依图 2.3.1 搭建网络拓扑图。

表 2.3.1　设备清单

| 设　　备 | 型　　号 | 数　　量 |
|---|---|---|
| 交换机 | S3700 | 1 |
| 服务器 | Server | 1 |
| 计算机 | PC | 2 |
| 计算机 | Web Browse | 2 |
| 路由器 | AR3260 | 1(用户侧) |
| 路由器 | Router | 1(运营商侧) |

(2)为计算机和相关接口配置 IP 地址,设备配置清单见表 2.3.2。

表 2.3.2　设备配置清单

| 设　　备 | 连接端口 | IP 地址 | 子网掩码 | 网　　关 |
|---|---|---|---|---|
| PC1 | LSW1 E0/0/2 | 192.168.1.1 | 255.255.255.0 | 192.168.1.254 |
| PC2 | LSW1 E0/0/3 | 192.168.1.2 | 255.255.255.0 | 192.168.1.254 |
| Server | LSW1 E0/0/4 | 192.168.1.100 | 255.255.255.0 | 192.168.1.254 |
| Web Browse1 | R1 E0/0/1 | 100.100.100.2 | 255.255.255.0 | 100.100.100.1 |
| Web Browse2 | LSW1 E0/0/5 | 192.168.1.200 | 255.255.255.0 | 192.168.1.254 |
| LSW1 E0/0/1 | AR1 G0/0/1 | — | — | — |
| AR1 G0/0/1 | LSW1 E0/0/1 | 192.168.1.254 | 255.255.255.0 | 255.255.255.0 |
| AR1 G0/0/0 | R1 E0/0/0 | 111.111.111.2 | 255.255.255.0 | 255.255.255.0 |
| R1 E0/0/0 | AR1 G0/0/0 | 111.111.111.1 | 255.255.255.0 | 255.255.255.0 |
| R1 E0/0/1 | Web Browse | 100.100.100.1 | 255.255.255.0 | 255.255.255.0 |
| R1 Loopback 0 | — | 1.1.1.1 | 255.255.255.255 | |

(3)R1 上不得配置任何路由协议,也不配置默认路由。

(4)在 AR1 配置 NAT Address-group,地址段为 10.0.0.1/28~10.0.0.13/28,使得 PC1 和 PC2 均能够和 1.1.1.1 通信(注意:10.0.0.14 用于 Server 做静态 NAT 映射)。

(5)在 Server 上启动 Web 服务,并要求在内网和外网的 Web Browse 上均能够通过 http://10.0.0.14 浏览网页。

## 三、认知与配置过程

### (一)配置 PC 机和路由器的接口 IP 地址

**1. 配置 PC 机的 IP 地址**

参考第一篇项目二配置。

**2. 配置 AR1 的接口 IP 地址**

[AR1]interface g0/0/0

[AR1-GigabitEthernet0/0/0]ip address 111.111.111.2 24

[AR1-GigabitEthernet0/0/0]quit

[AR1]interface g0/0/1

[AR1-GigabitEthernet0/0/1]ip address 192.168.1.254 24

### 3. 配置 R1 的接口 IP 地址

```
[R1]interface LoopBack 0
[R1-LoopBack0]ip address 1.1.1.1 32
[R1-LoopBack0]quit
[R1]interface e0/0/0
[R1-Ethernet0/0/0]ip address 111.111.111.1 24
[R1]interface e0/0/1
[R1-Ethernet0/0/1]ip address 100.100.100.1 24
```

#### (二)配置 AR1 上的默认路由

```
[AR1]ip route-static 0.0.0.0 0.0.0.0 111.111.111.1
```

#### (三)配置 R1 上关于 NAT 地址池的静态路由

```
[R1]ip route-static 10.0.0.0 255.255.255.240 111.111.111.2
```

**注意**:NAT 地址池中的 IP 地址必须是经过运营商授权的,即运营商路由器中应该已经配置了关于这部分 IP 地址的路由信息。

#### (四)配置 AR1 上基于 Address-group 的 NAT

##### 1. 配置标准 ACL 用于匹配内网流量

```
[AR1]acl 2000
[AR1-acl-basic-2000]rule permit source 192.168.1.0 0.0.0.255
```

##### 2. 配置 NAT 地址池

```
[AR1]nat address-group0 10.0.0.1 10.0.0.13
```

##### 3. 在 G0/0/0 端口上配置 NAT address-group

```
[AR1]interface g0/0/0
[AR1-GigabitEthernet0/0/0]nat outbound 2000 address-group 0
```

#### (五)在 AR1 上配置 NAT-Server

```
[AR1-GigabitEthernet0/0/0]nat server global 10.0.0.14 inside 192.168.1.100
```

**注意**:此处配置的是全局的 NAT 静态地址映射,即外网上所有发往 10.0.0.14 的流量均会被转发到 192.168.1.100 上。与 NAT Outbound 不同(替换 IP 包的源地址),NAT-Server 是替换 IP 包的目的地址。

实践中也可以配置静态的端口映射,比如:

```
[AR1-GigabitEthernet0/0/0] nat server protocol tcp global 10.0.0.14 www inside 192.168.1.100 www
```

其区别在于:仅当外网上发往 10.0.0.14 的 80 端口的流量才会被转发到 192.168.1.100 的 80 端口上,其他端口的流量则不会被转发。当仅需要在内网发布特定的服务时,使用端口映射的安全性更好。

#### (六)启动 Server 上的 Web 服务器

启动 http 服务器如图 2.3.2 所示。

图 2.3.2　启动 http 服务器

## (七)在 Web Browse1 上测试能否浏览网页

在 Web Browse1 上输入网址"http://10.0.0.14",看是否能浏览网页,如图 2.3.3 所示。

图 2.3.3　Web 测试(公网侧)

结果表明,外网可以通过 10.0.0.14 这个公网 IP 来浏览内网的 Web 服务器,至此完成了外网通过公网 IP 来访问内网服务器的配置。

但此时内网(即 Web Browse2)仍然不能通过公网 IP 来访问内网服务器,只能通过内网 IP 地址来访问(即 http://192.168.1.100)。然而在大多数情况下,Web 服务应该在一个固定的、公开的 IP 地址上发行,因此内网用户也应该通过这个公开的 IP 地址来访问网站。

### (八)配置内网用户通过公网 IP 来访问内网服务器

#### 1. 在 AR1 上配置高级 ACL

[AR1]acl 3000
[AR1-acl-adv-3000]rule permit ip source 192.168.1.0 0.0.0.255 destination 10.0.0.14 0

**注意:**必须利用高级 ACL 来匹配流量,因为仅当内网用户访问特定的公网 IP(10.0.0.14)时,才执行 NAT 转化过程。

#### 2. 在 AR1 上配置内网口 NAT-Server

[AR1] interface g0/0/1
[AR1-GigabitEthernet0/0/1]nat outbound 3000
[AR1-GigabitEthernet0/0/1]nat server global 10.0.0.14 inside 192.168.1.100

#### 3. 在 Web Browse2 上测试能否浏览网页

在 Web Browse2 上输入网址"http://10.0.0.14",看是否能浏览网页,如图 2.3.4 所示。

图 2.3.4 Web 测试(内网侧)

结果表明,内网用户也可以通过 10.0.0.14 这个公网 IP 来浏览内网的 Web 服务器,至此完成了 NAT-Server 的全部配置。

### 四、测试并验证结果

测试清单见表 2.3.3。

表 2.3.3　测试清单

| 测试案例 | 测试命令 | 测试结果 |
| --- | --- | --- |
| PC1 pingR1 | Ping 1.1.1.1 | 通 |
| PC2 pingR1 | Ping 1.1.1.1 | 通 |
| Web Browse1 上网 | http://10.0.0.14 | 能够浏览网页 |
| Web Browse2 上网 | http://10.0.0.14 | 能够浏览网页 |

## 五、项目小结与知识拓展

NAT 在使内网用户访问公网的同时,也屏蔽了公网用户访问私网主机的需求。当一个私网需要向公网用户提供 Web 和 FTP 服务时,私网中的服务器必须随时可供公网用户访问。NAT 服务器可以实现这个需求,但需要配置服务器私网 IP 地址和端口号转换为公网 IP 地址和端口号并发布出去。路由器在收到一个公网主机的请求报文后,根据报文的目的 IP 地址和端口号查询地址转换表项。路由器根据匹配的地址转换表项,将报文的目的 IP 地址和端口号转换成私网 IP 地址和端口号,并转发报文到私网中的服务器。

nat server [ protocol {protocol-number | icmp | tcp | udp} global { global-address | current-interface global-port} inside {host-address host-port } vpn-instance vpn-instance-name acl acl-number description description ]命令用来定义一个内部服务器的映射表,外部用户可以通过公网地址和端口来访问内部服务器。

(1)参数 protocol 指定一个需要地址转换的协议。

(2)参数 global-address 指定需要转换的公网地址。

(3)参数 inside 指定内网服务器的地址。

如果需要配合 DNS 服务器一起发布 Web,那么需要注意一点:除了要针对 DNS 服务器配置 NAT-Server 以外,还需要开启 NAT 的应用网关服务,命令为:[Huawei]nat alg dns enable

alg 的全称是"application level gateway"(即应用层网关),该服务用于解决潜在的网络安全隐患,如果不开启,DNS 服务器是不会响应经过 NAT 转换后的域名解析请求的。

项目四
DHCP 原理与配置

在大型园区网络中,IP 地址的管理是一个很棘手的问题(地址冲突、用户不会配置、用户随意修改等),不科学的 IP 地址分配方案可能导致大量额外的网管工作量,甚至引发网络中断、瘫痪等事故。DHCP 即是一个可以对 IP 地址进行自动分配、自动回收的动态地址管理协议,可以有效地减轻网管工作量,在大量场合中被广泛使用(如家庭 Wi-Fi 路由器、酒店、宾馆、会议室等)。本项目介绍 DHCP 的三种配置方式。

学习目标

1. 掌握 DHCP 的工作原理及应用场合。
2. 掌握接口 DHCP 的配置方法。
3. 掌握全局 DHCP 的配置方法。
4. 掌握 DHCP 中继代理的配置方法。

一、网络拓扑图

DHCP 如图 2.4.1 所示。

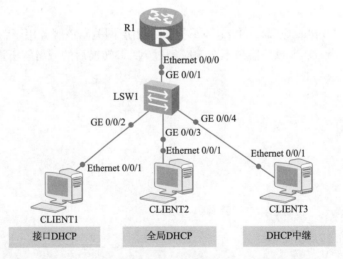

图 2.4.1　DHCP

二、环境与设备要求

(1)按表 2.4.1 所列清单准备好网络设备,并依图 2.4.1 搭建网络拓扑图。

表 2.4.1　设备清单

| 设　　备 | 型　　号 | 数　　量 |
|---|---|---|
| 交换机 | S5700 | 1 |
| 计算机 | PC | 3 |
| 路由器 | Router | 1 |

（2）为计算机和相关接口配置 IP 地址，设备配置清单见表 2.4.2。

表 2.4.2　设备配置清单

| 设　　备 | 连接端口 | IP 地址 | 子网掩码 | 网　　关 |
|---|---|---|---|---|
| PC1 | LSW1G0/0/2 | DHCP | — | — |
| PC2 | LSW1G0/0/3 | DHCP | — | — |
| PC3 | LSW1 G0/0/4 | DHCP | — | — |
| LSW1 G0/0/1 | R1 E0/0/0 | — | — | — |
| R1 E0/0/0 | LSW1 G0/0/1 | 10.0.12.1 | 255.255.255.0 | — |
| LSW1 VLANIF 10 | — | 192.168.1.254 | 255.255.255.0 | — |
| LSW1 VLANIF 20 | — | 192.168.2.254 | 255.255.255.0 | — |
| LSW1 VLANIF 30 | — | 192.168.3.254 | 255.255.255.0 | — |
| LSW1 VLANIF 100 | — | 10.0.12.2 | 255.255.255.0 | — |

（3）配置 PC1 通过接口 DHCP 获取 IP 地址。

（4）配置 PC2 通过全局 DHCP 获取 IP 地址。

（5）配置 PC3 通过 DHCP 中继获取 IP 地址。

## 三、认知与配置过程

### （一）配置 LSW1 和 R1 的接口 IP 地址

#### 1. 配置 LSW1

```
[SW1]vlan batch 10 20 30 100
[SW1]interface g0/0/1
[SW1-GigabitEthernet0/0/1]port link-type access
[SW1-GigabitEthernet0/0/1]port default vlan 100
[SW1-GigabitEthernet0/0/1]quit
[SW1]interface g0/0/2
[SW1-GigabitEthernet0/0/2]port link-type access
[SW1-GigabitEthernet0/0/2]port default vlan 10
[SW1-GigabitEthernet0/0/2]quit
[SW1]interface g0/0/3
[SW1-GigabitEthernet0/0/3]port link-type access
[SW1-GigabitEthernet0/0/3]port default vlan 30
[SW1-GigabitEthernet0/0/3]quit
[SW1]interface g0/0/4
[SW1-GigabitEthernet0/0/4]port link-type access
[SW1-GigabitEthernet0/0/4]port default vlan 40
[SW1-GigabitEthernet0/0/4]quit
```

```
[SW1]interface vlanif 10
[SW1-Vlanif10]ip address 192. 168. 1. 254 255. 255. 255. 0
[SW1-Vlanif10]quit
[SW1]interface vlanif 20
[SW1-Vlanif20]ip address 192. 168. 2. 254 255. 255. 255. 0
[SW1-Vlanif20]quit
[SW1]interface vlanif 30
[SW1-Vlanif30]ip address 192. 168. 3. 254 255. 255. 255. 0
[SW1-Vlanif30]quit
[SW1]interface vlanif 100
[SW1-Vlanif100]ip address 10. 0. 12. 2 255. 255. 255. 0
```

## 2. 配置 R1

```
[R1]interface Ethernet0/0/0
[R1-Ethernet0/0/0]ip address 10. 0. 12. 1 255. 255. 255. 0
```

## (二)配置 LSW1 和 R1 上的 OSPF 路由

### 1. 配置 LSW1

```
[SW1]ospf 1 router-id 2. 2. 2. 2
[SW1-ospf-1]area 0
[SW1-ospf-1-area-0. 0. 0. 0]network 0. 0. 0. 0 0. 0. 0. 0
```

### 2. 配置 R1

```
[R1]ospf 1 router-id 1. 1. 1. 1
[R1-ospf-1]area 0
[R1-ospf-1-area-0. 0. 0. 0]network 0. 0. 0. 0 0. 0. 0. 0
```

配置完 OSPF 路由后,可通过查看 OSPF 路由表的方式验证一下网络的连通性。

## (三)配置 PC1 通过接口 DHCP 获取 IP 地址

```
[SW1]dhcp enable
[SW1]interface vlanif 10
[SW1-Vlanif10]dhcp select interface
```

接下来配置 PC1 通过 DHCP 获取 IP 地址,并输入命令 ipconfig 查看获取到的 IP 地址。

```
PC> ipconfig
Link local IPv6 address...........: fe80::5689:98ff:fee5:6cb8
IPv6 address......................: :: / 128
IPv6 gateway......................: ::
IPv4 address......................: 192. 168. 1. 253
Subnet mask.......................: 255. 255. 255. 0
Gateway...........................: 192. 168. 1. 254
Physical address..................: 54-89-98-E5-6C-B8
DNS server........................:
```

可以看到,PC1 已经成功获取到了 192. 168. 1. 253 这个 IP 地址。

## (四)配置 PC2 通过全局 DHCP 获取 IP 地址

```
[SW1]ip pool pool_vlan20
```

```
[SW1-ip-pool-pool_vlan20]gateway-list 192.168.2.254
[SW1-ip-pool-pool_vlan20]network 192.168.2.0 mask 255.255.255.0
[SW1-ip-pool-pool_vlan20]dns-list 8.8.8.8
[SW1-ip-pool-pool_vlan20]quit
[SW1]interface vlan 20
[SW1-Vlanif20]dhcp select global
```

接下来配置 PC2 通过 DHCP 获取 IP 地址，并输入命令 ipconfig 查看获取到的 IP 地址。

```
PC> ipconfig
Link local IPv6 address..........: fe80::5689:98ff:fe79:5261
IPv6 address.....................: :: / 128
IPv6 gateway.....................: ::
IPv4 address.....................: 192.168.2.253
Subnet mask......................: 255.255.255.0
Gateway..........................: 192.168.2.254
Physical address.................: 54-89-98-79-52-61
DNS server.......................: 8.8.8.8
```

可以看到，PC2 已经成功获取到了 192.168.2.253 这个 IP 地址。

### (五)配置 PC3 通过 DHCP 中继获取 IP 地址

#### 1. 先在 R1 上配置全局 DHCP 服务器

```
[R1]dhcp enable
[R1]ip pool pool_vlan30
[R1-ip-pool-pool_vlan30]network 192.168.3.0 mask 255.255.255.0
[R1-ip-pool-pool_vlan30]gateway-list 192.168.3.254
[R1-ip-pool-pool_vlan30]dns-list 8.8.8.8
[R1-ip-pool-pool_vlan30]quit
[R1]interface Ethernet 0/0/0
[R1-Ethernet0/0/0]dhcp select global
```

#### 2. 在 LSW1 的 VLANIF 30 接口上配置 DHCP 中继

```
[SW1]interface Vlanif 30
[SW1-Vlanif30]dhcp select relay
[SW1-Vlanif30]dhcp relay server-ip 10.0.12.1
```

接下来配置 PC3 通过 DHCP 获取 IP 地址，并输入命令 ipconfig 查看获取到的 IP 地址。

```
PC> ipconfig
Link local IPv6 address..........: fe80::5689:98ff:fe6e:16af
IPv6 address.....................: :: / 128
IPv6 gateway.....................: ::
IPv4 address.....................: 192.168.3.253
Subnet mask......................: 255.255.255.0
Gateway..........................: 192.168.3.254
Physical address.................: 54-89-98-6E-16-AF
DNS server.......................: 8.8.8.8
```

可以看到,PC3 已经成功获取到了 192.168.3.253 这个 IP 地址。

## 四、测试并验证结果

PC1、PC2、PC3 均能够通过 DHCP 获取到有效的 IP 地址。

## 五、项目小结与知识拓展

在大中型网络中,终端数量很多,手动配置 IP 地址工作量大,而且配置时容易导致 IP 地址冲突等错误。DHCP 可以为网络终端动态分配 IP 地址,解决了手工配置 IP 地址时的各种问题。

DHCP 的主要报文有:

(1)DHCP Discover:DHCP 客户端初次接入网络时,会发送 DHCP 发现报文,用于查找和定位 DHCP 服务器。

(2)DHCP Offer:DHCP 服务器在收到 DHCP 发现报文后,发送 DHCP 提供报文,此报文中包含 IP 地址,但并不完整(如 DNS、网关等)。

(3)DHCP Request:在 DHCP 客户端收到服务器发送的 DHCP 提供报文后,会发送 DHCP 请求报文,另外在 DHCP 客户端获取 IP 地址并重启后,同样也会发送 DHCP 请求报文,用于确认分配的 IP 地址。DHCP 客户端获取的 IP 地址租期快要到期时,也发送 DHCP 请求报文向服务器申请延长 IP 地址租期。

(4)DHCP ACK:DHCP 服务器收到客户端发送的 DHCP 请求报文后,会回复 DHCP 确认报文,确认报文中包含完整的 IP 地址信息,客户可直接使用。

(5)DHCP-NAK:如果 DHCP 服务器收到请求报文后,没有找到相应的租约记录,则发送否决报文作为应答,告知 DHCP 客户端无法分配合适 IP 地址。

(6)DHCP Release:DHCP 客户端通过发送 DHCP 释放报文来释放 IP 地址。收到 DHCP 释放报文后,DHCP 服务器可以把该 IP 地址收回至 IP 地址池以便分配给其他 DHCP 客户端。

DHCP 服务器为 DHCP 客户端分配 IP 地址时会指定三个定时器的值。默认情况下,租期定时器为 1 天;还剩下 50% 的租期时(12 h),DHCP 客户端以单播形式发送 DHCP Request 报文申请延长 IP 地址的租期;还剩下 12.5% 的租期时(3 h),DHCP 客户端以广播形式发送 DHCP Request 报文申请延长 IP 地址的租期。租期定时器是地址失效进程中的最后一个定时器,如果在失效前没有收到服务器的任何回应,DHCP 客户端必须立刻停止使用现有 IP 地址,发送 DHCP Release 报文,并进入初始化状态。然后,DHCP 客户端重新发送 DHCP 发现报文,申请 IP 地址。

# 项目五
# 生成树与 STP 基本算法

在高可靠性园区网中,网络一般会配置冗余机制(双电源、STP、VRRP 等),对于二层交换网络来说,我们经常使用环路来做冗余(双向可达),但环路本身会带来危害(广播风暴问题、MAC 地址漂移问题),生成树协议(STP)即是一个破除二层环路危害的协议,STP 通过在环路中进行一系列的选举,最终会将环路中的某个端口阻塞掉(AP 口)。STP 算法本身比较复杂,理解起来有一定难度。

## 学习目标

1. 掌握交换环路的危害和防范。
2. 掌握 STP 消除交换环路的基本概念和算法。
3. 掌握 STP 的配置。
4. 了解 RSTP、MSTP 的特点和优势。

## 一、网络拓扑图

STP 收敛算法如图 2.5.1 所示。

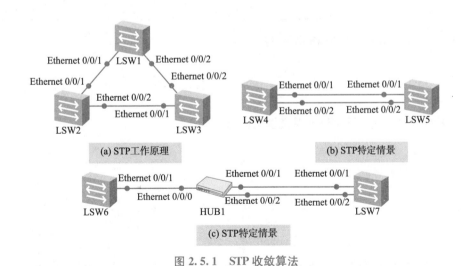

图 2.5.1　STP 收敛算法

## 二、环境与设备要求

(1)按表 2.5.1 所列清单准备好网络设备,并依图 2.5.1 搭建网络拓扑图。

表 2.5.1　设备清单

| 设　　备 | 型　　号 | 数　　量 |
|---|---|---|
| 交换机 | S3700 | 3 |
| 集线器 | HUB | 1 |

(2)在交换机上进行 STP 配置,并验证结果。

## 三、认知与配置过程

### (一)在图 2.5.1(a)上配置 STP 并验证结果

#### 1. 查看并记录三台交换机的 MAC 地址

```
[SW1]display interface Vlanif 1
Vlanif1 current state : UP
Line protocol current state : DOWN
Description:
Route Port,The Maximum Transmit Unit is 1500
Internet protocol processing : disabled
IP Sending Frames' Format is PKTFMT_ETHNT_2, Hardware address is 4c1f-cce2-4848
```

可以看到,SW1 的 MAC 地址为:4c1f-cce2-4848。

按同样方法记录 SW2 和 SW3 的 MAC 地址,见表 2.5.2。

表 2.5.2　交换机的管理 MAC 地址

| 设　　备 | MAC 地址 | 大小顺序 |
|---|---|---|
| SW1 | 4c1f-cce2-4848 | 大 |
| SW2 | 4c1f-cc64-42d9 | 中 |
| SW3 | 4c1f-cc2b-2265 | 小 |

#### 2. 配置三台交换机的 STP 模式为 STP

```
[SW1]stp mode stp
[SW2]stp mode stp
[SW3]stp mode stp
```

接下来观察默认情况下,STP 根交换机的选举情况:

```
[SW1]display  stp
-------[CIST Global Info][Mode STP]-------
CIST Bridge        :32768.4c1f-cce2-4848
Config Times       :Hello 2 s MaxAge 20 s FwDly 15 s MaxHop 20
Active Times       :Hello 2 s MaxAge 20 s FwDly 15 s MaxHop 20
CIST Root/ERPC     :32768.4c1f-cc2b-2265 / 200000
```

可以看到,根交换机的 RID(Root-bridge ID)为"32768.4c1f-cc2b-2265",即 SW3。

STP 选举跟交换机的规则是比较所有交换机的 BID(Bridge ID),BID 由两部分组成:"优先级.MAC 地址",越小越优先。默认情况下,优先级为 32 768,取值范围是 0~61 440,优先级必须是 4 096 的整数倍,比如 0、4 096、8 192 等。

**3. 配置 SW1 为根交换机**

```
[SW1]stp priority 0
```

接下来观察 STP 根交换机的选举情况：

```
[SW1]display stp
-------[CIST Global Info][Mode STP]-------
CIST Bridge           :0    .4c1f-cce2-4848
Config Times          :Hello 2 s MaxAge 20 s FwDly 15 s MaxHop 20
Active Times          :Hello 2 s MaxAge 20 s FwDly 15 s MaxHop 20
CIST Root/ERPC        :0    .4c1f-cce2-4848 / 0
```

可以看到，根交换机的 RID(Root-bridge ID)为"0.4c1f-cce2-4848"，即 SW1。

**4. 观察 SW1 的 STP 端口状态**

```
[SW1]dis stp brief
MSTID  Port                    Role   STP State    Protection
   0   Ethernet0/0/1           DESI   FORWARDING   NONE
   0   Ethernet0/0/2           DESI   FORWARDING   NONE
```

可以看到，SW1 的 E0/0/1 和 E0/0/2 口均为指定端口(designated port, DP)，DP 口即为向下游转发 BPDU 的端口，处于正常转发(forwarding)状态。大多数情况下，根交换机的所有端口均为指定端口(除非根交换机接收到了自己发送的 BPDU)。

接下来查看 E0/0/2 口的 STP 状态。

```
[SW1]display stp interface Ethernet 0/0/2
----[Port2(Ethernet0/0/2)][FORWARDING]----
Port Protocol       :Enabled
Port Role           :Designated Port
Port Priority       :128
Port Cost(Dot1T )   :Config= auto / Active= 200000
Designated Bridge/Port    :0.4c1f-cce2-4848 /128.2
```

可以看到，E0/0/2 口的 PID(Port ID)为"128.2"，PID 由两部分组成："优先级．端口编号"，越小越优先。默认情况下，优先级为 128，取值范围是 0～240，优先级必须是 16 的整数倍，比如 0、16、32 等。配置端口的优先级可以使用命令"stp port priority"。

**5. 观察 SW2 的 STP 端口状态**

```
[SW2]dis stp brief
MSTID  Port                    Role   STP State    Protection
   0   Ethernet0/0/1           ROOT   FORWARDING   NONE
   0   Ethernet0/0/2           ALTE   DISCARDING   NONE
```

可以看到，SW2 的 E0/0/1 口为根端口(root port, RP)，RP 口是距离根交换机最近的端口，每台交换机必须选举一个唯一的根端口，选举规则是比较各端口上收到的 BPDU 中的四个向量值(越小越优先，以下简写为{RID,RPC,BID,PID})：

(1)RID：即根交换机的 ID。

(2)RPC：即根路径开销(root path cost)，计算方法是累计入端口的开销值，默认的端口开销值是 200 000，比如 SW2 的 E0/0/1 口的 RPC 值为 200 000，但 E0/0/2 口的 RPC 值为 400 000。

(3)BID：即发送 BPDU 的交换机的 ID，STP 规定只有根交换机才能主动发送 BPDU，其他非根交换机只能转发 BPDU,转发的同时会修改 BPDU 中的 BID 和 PID 为本地交换机。

(4)PID:即发送 BPDU 的交换机的端口 ID。

(5)如果上述比较结果均完全相同,则比较本地交换机的 PID,越小越优先。

SW2 的 E0/0/2 为阻塞端口/替换端口(alternate port,AP),AP 口是指该端口上接收到的 BPDU 比本地存储的 BPDU 更优,处于阻塞(discarding)状态。比如对于 SW2 的 E0/0/2 口来说,接收到的 BPDU(经 SW3 的 E0/0/1 口发出)和本地存储的 BPDU(经 SW1 的 E0/0/1 口发出)中的 RID、RPC 均相同,但接收 BPDU 的 BID 更优(因为 SW3 的 BID 更小)。

**6. 观察 SW3 的 STP 端口状态**

```
[SW3]dis stp brief
MSTID  Port              Role  STP State   Protection
   0   Ethernet0/0/1     DESI  FORWARDING  NONE
   0   Ethernet0/0/2     ROOT  FORWARDING  NONE
```

可以看到,SW3 的 E0/0/1 口为指定端口 DP,DP 口即为向下游转发 BPDU 的端口,处于正常转发状态。大多数情况下,DP 口是因为接收到的 BPDU 比本地存储的 BPDU 更次。

SW3 的 E0/0/2 口为根端口 RP,选举规则如同 SW2 的 E0/0/1 口。

**(二)在图 2.5.1(b)上配置 STP 并验证结果**

**1. 查看并记录两台交换机的 MAC 地址**

参考第一篇项目二查看并记录。

**2. 配置两台交换机的 STP 模式为 STP**

修改 SW4 的 STP 优先级为 0,其他不再赘述。

**3. 观察 SW4 的 STP 端口状态**

```
[SW4]dis stp brief
MSTID  Port              Role  STP State   Protection
   0   Ethernet0/0/1     DESI  FORWARDING  NONE
   0   Ethernet0/0/2     DESI  FORWARDING  NONE
```

可以看到,SW4 的 E0/0/1 和 E0/0/2 口均为 DP 口,说明 SW4 为根交换机。

**4. 观察 SW5 的 STP 端口状态**

```
[SW5]dis stp brief
MSTID  Port              Role  STP State   Protection
   0   Ethernet0/0/1     ROOT  FORWARDING  NONE
   0   Ethernet0/0/2     ALTE  DISCARDING  NONE
```

可以看到,SW5 的 E0/0/1 口为 RP 口,E0/0/2 口为 AP 口。

这是因为通过比较两个端口收到的 BPDU 向量{RID,RPC,BID,PID}后,发现 E0/0/1 口的 PID 更优(由 SW4 的 E0/0/1 口发出),因此标记为根端口(RP 口),E0/0/2 口会在选举出根端口之后被标记为阻塞端口(AP 口)。

修改 SW4 的 E0/0/2 口的 STP 端口优先级。

```
[SW4-Ethernet0/0/2]stp port priority 0
```

再次查看 SW5 的 STP 端口状态。

```
[SW5]dis stp brief
MSTID  Port              Role  STP State   Protection
```

| 0 | Ethernet0/0/1 | ALTE | DISCARDING | NONE |
| 0 | Ethernet0/0/2 | ROOT | LEARNING | NONE |

可以看到,SW5 的 E0/0/2 口变成了 RP 口。

这是因为修改了优先级后,SW4 的 E0/0/2 口比 E0/0/1 口更优了(STP 端口默认优先级为 128,越小越优先)。

## (三)在图 2.5.1(c)上配置 STP 并验证结果

### 1. 查看并记录两台交换机的 MAC 地址
参考第一篇项目二查看并记录。

### 2. 配置两台交换机的 STP 模式为 STP
修改 SW6 的 STP 优先级为 0,其他不再赘述。

### 3. 观察 SW7 的 STP 端口状态

```
[SW7]dis stp brief
MSTID  Port                  Role  STP State   Protection
  0    Ethernet0/0/1         ROOT  LEARNING    NONE
  0    Ethernet0/0/2         ALTE  DISCARDING  NONE
```

可以看到,SW7 的 E0/0/1 口为 RP 口,E0/0/2 口为 AP 口。

这是因为通过比较两个端口收到的 BPDU 向量{RID,RPC,BID,PID}后,发现二者完全相同,此时只能通过比较本地交换机的 PID 来选举,根据越小越优的原则,E0/0/1 口被选举为根端口。

修改 SW7 的 E0/0/2 口的 STP 端口优先级。

```
[SW7-Ethernet0/0/2]stp port priority 0
```

再次查看 SW7 的 STP 端口状态。

```
[SW5]dis stp brief
MSTID  Port                  Role  STP State   Protection
  0    Ethernet0/0/1         ALTE  DISCARDING  NONE
  0    Ethernet0/0/2         ROOT  LEARNING    NONE
```

可以看到,SW7 的 E0/0/2 口变成了 RP 口。

## 四、测试并验证结果

STP 选举结果与预期值相同,理论与实训一致。

## 五、项目小结与知识拓展

为了提高网络可靠性,交换网络中通常会使用冗余链路。然而,冗余链路会给交换网络带来环路风险,并导致广播风暴及 MAC 地址表不稳定等问题,进而会影响到用户的通信质量。生成树协议 STP 可以在提高可靠性的同时又能避免环路带来的各种问题。STP 有三个标准,分别是:

(1)STP(802.1D,标准生成树协议)。

(2)RSTP(802.1W,快速生成树协议)。

(3)MSTP(802.1S,多生成树协议)。

STP通过构造一棵树来消除交换网络中的环路。每个STP网络中,都会存在一个根桥,其他交换机为非根桥。根桥或根交换机位于整个逻辑树的根部,是STP网络的逻辑中心,非根桥是根桥的下游设备。当现有根桥产生故障时,非根桥之间会交互信息并重新选举根桥,交互的这种信息被称为BPDU。

STP中定义了3种端口角色:指定端口、根端口和阻塞端口。

(1)指定端口:是交换机向所连网段转发配置BPDU的端口,每个网段有且只能有一个指定端口。一般情况下,根桥的每个端口总是指定端口。

(2)根端口:是非根交换机去往根桥路径最优的端口。在一个运行STP协议的交换机上最多只有一个根端口,但根桥上没有根端口。

(3)阻塞端口:如果一个端口既不是指定端口也不是根端口,则此端口为阻塞端口。阻塞端口只接收流量,不转发任何流量。

运行STP协议的设备上端口状态有5种:

(1)Forwarding:转发状态。端口既可转发用户流量,也可转发BPDU报文,只有根端口或指定端口才能进入Forwarding状态。

(2)Learning:学习状态。端口可根据收到的用户流量构建MAC地址表,但不转发用户流量。增加Learning状态是为了防止临时环路。

(3)Listening:侦听状态。端口可以转发BPDU报文,但不能转发用户流量。

(4)Blocking:阻塞状态。端口仅仅能接收并处理BPDU,不能转发BPDU,也不能转发用户流量。此状态是预备端口的最终状态。

(5)Disabled:禁用状态。端口既不处理和转发BPDU报文,也不转发用户流量。

交换机支持三种生成树协议模式。Stp mode { mstp | stp | rstp }命令用来配置交换机的生成树协议模式。默认情况下,工作在MSTP模式。在使用STP前,STP模式必须重新配置。

STP能够提供无环网络,但是收敛速度较慢(30～50 s)。如果STP网络的拓扑结构频繁变化,网络也会随之频繁失去连通性,从而导致用户通信频繁中断。RSTP使用了Proposal/Agreement机制保证链路及时协商,从而有效避免收敛计时器在生成树收敛前超时。在RSTP中,增加了备份、边缘两种端口角色,端口状态由STP中的五种变为了三种,并且增加了根保护、BPDU保护、TC-BPDU保护、环路保护等功能。

STP和RSTP在所有的VLAN中共享一棵生成树,无法在VLAN间实现数据流量的负载均衡,链路被阻塞后将不承载任何流量,造成带宽浪费,还有可能造成部分VLAN的报文无法转发,MSTP则可以解决该问题。MSTP通过多实例(instance)来为不同的VLAN构建不同的生成树(一对多),从而实现负载分担,每个实例内部仍然运行传统的RSTP算法。在MSTP中增加了公共生成树CST(common spanning tree)、内部生成树IST(internal spanning tree)、公共和内部生成树CIST(common and internal spanning tree)、域根(regional root,分IST域根和MSTI域根)、总根等概念。

# 项目六
# MSTP、VRRP 与 DHCP 综合组网

本项目是一个非常典型的三层架构、高可靠、有冗余的园区网络拓扑图,在二层上,通过 MSTP 消除环路;在三层上,通过 VRRP 提供冗余网关;在 IP 地址分配上,通过 DHCP 进行统一管理,在主备根、主备网关配置上做到了协同一致,保证了正常情况下的流量负载分担,同时也保证了网络异常情况下主备根和主备网关的同时切换,确保流程可以正常运行。

## 学习目标

1. 掌握高可靠性计算机网络的组网结构。
2. 掌握 MSTP 的配置方法。
3. 掌握 VRRP 的配置方法。
4. 掌握 VRRP 环境下 DHCP 服务器的部署与配置。

## 一、网络拓扑图

MSTP+VRRP+DHCP 综合组网如图 2.6.1 所示。

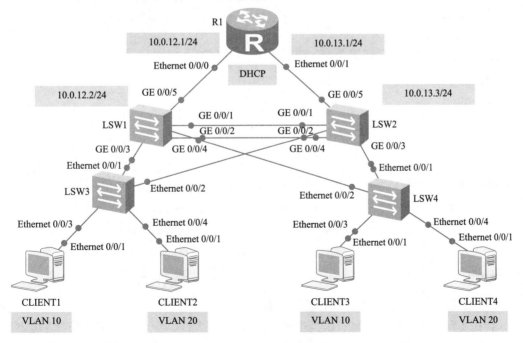

图 2.6.1　MSTP+VRRP+DHCP 综合组网

## 二、环境与设备要求

(1)按表 2.6.1 所列清单准备好网络设备,并依图 2.6.1 搭建网络拓扑图。

表 2.6.1　设备清单

| 设　　备 | 型　　号 | 数　　量 |
|---|---|---|
| 交换机 | S3700 | 2 |
| 交换机 | S5700 | 2 |
| 路由器 | Router | 1 |
| 计算机 | PC | 4 |

(2)为计算机和相关接口配置 IP 地址,设备配置清单见表 2.6.2。

表 2.6.2　设备配置清单

| 设　　备 | 连接端口 | IP 地址 | 子网掩码 | 网　　关 |
|---|---|---|---|---|
| PC1 | LSW3 E0/0/3 | DHCP | — | — |
| PC2 | LSW3 E0/0/4 | DHCP | — | — |
| PC3 | LSW4 E0/0/3 | DHCP | — | — |
| PC4 | LSW4 E0/0/4 | DHCP | — | — |
| LSW1 G0/0/1 | LSW2 G0/0/1 | — | — | — |
| LSW1 G0/0/2 | LSW2 G0/0/2 | — | — | — |
| LSW1 G0/0/3 | LSW3 G0/0/1 | — | — | — |
| LSW1 G0/0/4 | LSW4 G0/0/2 | — | — | — |
| LSW1 G0/0/5 | R1 E0/0/0 | — | — | — |
| LSW1 VLANIF 10 | — | 192.168.1.252 | 255.255.255.0 | — |
| LSW1 VLANIF 20 | — | 192.168.2.252 | 255.255.255.0 | — |
| LSW1 VLANIF 100 | — | 10.0.12.2 | 255.255.255.0 | — |
| LSW2 G0/0/1 | LSW1 G0/0/1 | — | — | — |
| LSW2 G0/0/2 | LSW1 G0/0/2 | — | — | — |
| LSW2 G0/0/3 | LSW4 G0/0/1 | — | — | — |
| LSW2 G0/0/4 | LSW3 G0/0/2 | — | — | — |
| LSW2 G0/0/5 | R1 E0/0/1 | — | — | — |
| LSW2 VLANIF 10 | — | 192.168.1.253 | 255.255.255.0 | — |
| LSW2 VLANIF 20 | — | 192.168.2.253 | 255.255.255.0 | — |
| LSW2 VLANIF 100 | — | 10.0.13.3 | 255.255.255.0 | — |
| R1 E0/0/0 | LSW1 G0/0/5 | 10.0.12.1 | 255.255.255.0 | — |
| R1 E0/0/1 | LSW2 G0/0/5 | 10.0.13.1 | 255.255.255.0 | — |
| R1 Loopback 0 | — | 1.1.1.1 | 255.255.255.255 | — |

(3)4 台 PC 机均可通过 DHCP 获得 IP 地址。

(4)在 4 台交换机上运行 MSTP,其中 instance10 映射 VLAN 10,instance20 映射 VLAN 20,SW1 作为 instance10 的主根、instance20 的备根,SW2 作为 instance10 的备根、instance20 的主根。

（5）在 SW1 和 SW2 中运行 VRRP，同时为 VLAN 10 和 VLAN 20 提供虚拟冗余网关服务，其中 VLAN 10 的虚拟网关地址为 192.168.1.254，SW1 作为 Master，SW2 作为 Slave，VLAN 20 的虚拟网关地址为 192.168.2.254，SW2 作为 Master，SW1 作为 Slave。

（6）在 SW1、SW2、R1 之间运行 OSPF 路由协议。

（7）在 R1 上开启 DHCP，为 VLAN 10 和 VLAN 20 提供 IP 地址分配服务。

（8）在 SW1 和 SW2 上开启 DHCP 中继，并使用 DHCP 服务器组的方式向 R1 转发请求。

（9）全网能够互通。

## 三、认知与配置过程

在复杂的计算机网络中，一般应按照自底向上的方法来配置网络设备，这样逻辑上更加清晰，便于排除故障。本项目中，SW3 和 SW4 为接入层、SW1 和 SW2 为汇聚层、R1 为核心层，因此先配置 SW3 和 SW4，再配置 SW1 和 SW2，最后配置 R1。

### （一）配置各台 PC 机为 DHCP 自动获取 IP 地址

参考第一篇项目二配置。

### （二）配置接入层设备

接入层上的设备配置主要有：VLAN、Trunk 和 MSTP。

**1. 配置 SW3**

（1）配置 VLAN

```
[SW3]vlan batch 10 20
[SW3]interfacee0/0/3
[SW3-Ethernet0/0/3]port link-type access
[SW3-Ethernet0/0/3]port default vlan 10
[SW3-Ethernet0/0/3]quit
[SW3]interface e0/0/4
[SW3-Ethernet0/0/4]port link-type access
[SW3-Ethernet0/0/4]port default vlan 20
```

（2）配置 Trunk

```
[SW3]interface e0/0/1
[SW3-Ethernet0/0/1]port link-type trunk
[SW3-Ethernet0/0/1]port trunk allow-pass vlan 10 20
[SW3-Ethernet0/0/1]undo port trunk allow-pass vlan 1
[SW3-Ethernet0/0/1]quit
[SW3]interface e0/0/2
[SW3-Ethernet0/0/2]port link-type trunk
[SW3-Ethernet0/0/2]port trunk allow-pass vlan 10 20
[SW3-Ethernet0/0/2]undo port trunk allow-pass vlan 1
```

（3）配置 MSTP

```
[SW3]stp region-configuration
[SW3-mst-region]region-name hw
[SW3-mst-region]instance 10 vlan 10
```

```
[SW3-mst-region]instance 20 vlan 20
[SW3-mst-region]active region-configuration
```

**2. 配置 SW4**

SW4 的配置与 SW3 完全相同。

### (三)配置汇聚层设备

汇聚层上的设备配置主要有：VLAN、VLANIF、链路聚合、Trunk、MSTP、VRRP、DHCP 中继、OSPF。

**1. 配置 SW1**

**(1)配置 VLAN 和 VLANIF**

```
[SW1]vlan batch 10 20 100
[SW1]interface g0/0/5
[SW1-GigabitEthernet0/0/5]port link-type access
[SW1-GigabitEthernet0/0/5]port default vlan 100
[SW1-GigabitEthernet0/0/5]quit
[SW1]interface Vlanif 100
[SW1-Vlanif100]ip address 10. 0. 12. 2 24
[SW1-Vlanif100]quit
[SW1]interface vlanif 10
[SW1-Vlanif10]ip address 192. 168. 1. 252 24
[SW1]interface vlanif 20
[SW1-Vlanif20]ip address 192. 168. 2. 252 24
```

**(2)配置链路聚合(此处配置手工聚合)**

```
[SW1]interface Eth-Trunk 0
[SW1-Eth-Trunk0]trunkport g0/0/1
[SW1-Eth-Trunk0]trunkport g0/0/2
```

**(3)配置 Trunk**

```
[SW1-Eth-Trunk0]port link-type trunk
[SW1-Eth-Trunk0]port trunk allow-pass vlan 10 20
[SW1-Eth-Trunk0]undo port trunk allow-pass vlan 1
[SW1-Eth-Trunk0]quit
[SW1]port-group group-member g0/0/3 g0/0/4
[SW1-port-group]port link-type trunk
[SW1-port-group]port trunk allow-pass vlan 10 20
[SW1-port-group]undo port trunk allow-pass vlan 1
```

**(4)配置 MSTP**

```
[SW1]stp region-configuration
[SW1-mst-region]region-name hw
[SW1-mst-region]instance 10 vlan 10
[SW1-mst-region]instance 20 vlan 20
[SW1-mst-region]active region-configuration
```

（5）配置 MSTP 主备关系

```
[SW1]stp instance 10 root primary
[SW1]stp instance 20 root secondary
```

（6）配置 VRRP

```
[SW1]interface vlanif10
[SW1-Vlanif10]vrrp vrid 1 virtual-ip 192.168.1.254
[SW1-Vlanif10]vrrp vrid 1 priority 120
[SW1-Vlanif10]quit
[SW1]interface vlanif 20
[SW1-Vlanif20]vrrp vrid2 virtual-ip 192.168.2.254
```

（7）配置 DHCP 中继

```
[SW1]dhcp server group dsp1
[SW1-dhcp-server-group-dsp1]dhcp-server 10.0.12.1
[SW1-dhcp-server-group-dsp1]dhcp-server 10.0.13.1
[SW1-dhcp-server-group-dsp1]quit
[SW1]dhcp enable
[SW1]interface vlanif 10
[SW1-Vlanif10]dhcp select relay
[SW1-Vlanif10]dhcp relay server-select dsp1
[SW1-Vlanif10]quit
[SW1]interface vlan 20
[SW1-Vlanif20]dhcp select relay
[SW1-Vlanif20]dhcp relay server-select dsp1
```

（8）配置 OSPF

```
[SW1]ospf 1 router-id 2.2.2.2
[SW1-ospf-1]area 0
[SW1-ospf-1-area-0.0.0.0]net 0.0.0.0 0.0.0.0
```

## 2. 配置 SW2

### （1）配置 VLAN 和 VLANIF

```
[SW1]vlan batch 10 20 100
[SW1]interface g0/0/5
[SW1-GigabitEthernet0/0/5]port link-type access
[SW1-GigabitEthernet0/0/5]port default vlan 100
[SW1-GigabitEthernet0/0/5]quit
[SW1]interface Vlanif 100
[SW1-Vlanif100]ip address 10.0.13.3 24
[SW1-Vlanif100]quit
[SW1]interface vlanif 10
[SW1-Vlanif10]ip address 192.168.1.253 24
[SW1]interface vlanif 20
[SW1-Vlanif20]ip address 192.168.2.253 24
```

### （2）配置链路聚合（此处配置手工聚合）

```
[SW1]interface Eth-Trunk 0
```

```
[SW1-Eth-Trunk0]trunkport g0/0/1
[SW1-Eth-Trunk0]trunkport g0/0/2
```

## (3)配置 Trunk

```
[SW1-Eth-Trunk0]port link-type trunk
[SW1-Eth-Trunk0]port trunk allow-pass vlan 10 20
[SW1-Eth-Trunk0]undo port trunk allow-pass vlan 1
[SW1-Eth-Trunk0]quit
[SW1]port-group group-member g0/0/3 g0/0/4
[SW-port-group]port link-type trunk
[SW-port-group]port trunk allow-pass vlan 10 20
[SW-port-group]undo port trunk allow-pass vlan 1
```

## (4)配置 MSTP

```
[SW1]stp region-configuration
[SW1-mst-region]region-name hw
[SW1-mst-region]instance 10 vlan 10
[SW1-mst-region]instance 20 vlan 20
[SW1-mst-region]active region-configuration
```

## (5)配置 MSTP 主备关系

```
[SW1]stp instance 10 root secondary
[SW1]stp instance 20 root primary
```

## (6)配置 VRRP

```
[SW1]interface vlanif10
[SW1-Vlanif10]vrrp vrid 1 virtual-ip 192.168.1.254
[SW1-Vlanif10]quit
[SW1]interface vlanif 20
[SW1-Vlanif20]vrrp vrid2 virtual-ip 192.168.2.254
[SW1-Vlanif20]vrrp vrid 2 priority 120
```

## (7)配置 DHCP 中继

```
[SW1]dhcp server group dsp1
[SW1-dhcp-server-group-dsp1]dhcp-server 10.0.12.1
[SW1-dhcp-server-group-dsp1]dhcp-server 10.0.13.1
[SW1-dhcp-server-group-dsp1]quit
[SW1]dhcp enable
[SW1]interface vlanif 10
[SW1-Vlanif10]dhcp select relay
[SW1-Vlanif10]dhcp relay server-select dsp1
[SW1-Vlanif10]quit
[SW1]interface vlan 20
[SW1-Vlanif20]dhcp select relay
[SW1-Vlanif20]dhcp relay server-select dsp1
```

## (8)配置 OSPF

```
[SW1]ospf 1 router-id3.3.3.3
[SW1-ospf-1]area 0
[SW1-ospf-1-area-0.0.0.0]net 0.0.0.0 0.0.0.0
```

**注意**:SW2 和 SW1 的配置有以下几处不同:

①VLANIF 接口 IP 不同。

②MSTP 主备关系正好相反。

③VRRP 组优先级正好相反。

④OSPF router-id 不同。

## (四)配置核心层设备

核心层上的设备配置主要有:DHCP、OSPF。

### 1. 配置 R1 的接口 IP 地址

```
[R1]interface Loopback 0
[R1-LoopBack0]ip addr 1. 1. 1. 1 32
[R1-LoopBack0]quit
[R1]interface e0/0/0
[R1-Ethernet0/0/0]ip address 10. 0. 12. 1 24
[R1-Ethernet0/0/0]quit
[R1]interface e0/0/1
[R1-Ethernet0/0/1]ip address 10. 0. 13. 1 24
```

### 2. 配置 DHCP 服务器

```
[R1]dhcp enable
[R1]ip pool pool_vlan10
[R1-ip-pool-pool_vlan10]network 192. 168. 1. 0 mask 24
[R1-ip-pool-pool_vlan10]gateway-list 192. 168. 1. 254
[R1-ip-pool-pool_vlan10]excluded-ip-address 192. 168. 1. 252 192. 168. 1. 253
[R1-ip-pool-pool_vlan10]quit
[R1]ip pool pool_vlan20
[R1-ip-pool-pool_vlan20]network 192. 168. 2. 0 mask 24
[R1-ip-pool-pool_vlan20]gateway-list 192. 168. 2. 254
[R1-ip-pool-pool_vlan20]excluded-ip-address 192. 168. 2. 252 192. 168. 2. 253
[R1-ip-pool-pool_vlan20]quit
[R1]interface e0/0/0
[R1-Ethernet0/0/0]dhcp select global
[R1-Ethernet0/0/0]quit
[R1]interface e0/0/1
[R1-Ethernet0/0/1]dhcp select global
```

### 3. 配置 OSPF

```
[R1]ospf 1 router-id 1. 1. 1. 1
[R1-ospf-1]area 0
[R1-ospf-1-area-0. 0. 0. 0]network 0. 0. 0. 0 0. 0. 0. 0
```

## 四、测试并验证结果

### (一)验证 4 台 PC 机是否成功获得了 IP 地址

```
PC> ipconfig
Link local IPv6 address.......... : fe80::5689:98ff:fe16:2fa6
IPv6 address..................... : :: / 128
IPv6 gateway..................... : ::
```

```
IPv4 address......................: 192.168.1.251
Subnet mask.......................: 255.255.255.0
Gateway...........................: 192.168.1.254
Physical address..................: 54-89-98-16-2F-A6
DNS server........................:
```

结果表明 DHCP 工作正常,网关为 VRRP 的虚拟 IP 地址。

## (二)验证 VRRP 是否工作正常

```
<SW1> dis vrrp
  Vlanif10 |Virtual Router 1
    State : Master
    Virtual IP : 192.168.1.254
    Master IP : 192.168.1.252
    PriorityRun : 120
    PriorityConfig : 120
    MasterPriority : 120
    Preempt : YES    Delay Time : 0 s
    TimerRun : 1 s
    TimerConfig : 1 s
    Auth type : NONE
    Virtual MAC : 0000-5e00-0101
    Check TTL : YES
    Config type : normal-vrrp
    Create time : 2023-03-27 11:00:54 UTC-08:00
    Last change time : 2023-03-27 11:00:58 UTC-08:00

  Vlanif20 |Virtual Router 2
    State : Backup
    Virtual IP : 192.168.2.254
    Master IP : 192.168.2.253
    PriorityRun : 100
    PriorityConfig : 100
    MasterPriority : 120
    Preempt : YES    Delay Time : 0 s
    TimerRun : 1 s
    TimerConfig : 1 s
    Auth type : NONE
    Virtual MAC : 0000-5e00-0102
    Check TTL : YES
    Config type : normal-vrrp
    Create time : 2023-03-27 11:18:12 UTC-08:00
    Last change time : 2023-03-27 11:18:46 UTC-08:00
```

可以看到在 SW1 上 VRRP1 和 VRRP2 的主备关系及优先级均工作正常。

## (三)验证 MSTP 是否工作正常

```
<SW3> dis stp instance 10 brief
```

```
MSTID  Port                  Role  STP State   Protection
  10   Ethernet0/0/1         ROOT  FORWARDING  NONE
  10   Ethernet0/0/2         ALTE  DISCARDING  NONE
  10   Ethernet0/0/3         DESI  FORWARDING  NONE
<SW3>
<SW3> dis stp instance 20 brief
MSTID  Port                  Role  STP State   Protection
  20   Ethernet0/0/1         ALTE  DISCARDING  NONE
  20   Ethernet0/0/2         ROOT  FORWARDING  NONE
  20   Ethernet0/0/4         DESI  FORWARDING  NONE
<SW3>
```

可以看到在 SW3 的 instance10 上，E0/0/2 口被阻塞了，这是因为对于实例 10 来说，SW1 为主根（对应命令"stp instance 10 root primary"，该命令本质上是修改了 STP 的优先级为 0），SW2 为备根（对应命令"stp instance 10 root secondary"，该命令本质上是修改了 STP 的优先级为 4 096），而 SW3 的 STP 优先级为默认值 32 768。

同样的道理，SW3 在 instance20 上，E0/0/1 口被阻塞了。

（四）验证设备之间能否互通

测试清单见表 2.6.3。

表 2.6.3　测试清单

| 测试案例 | 测试命令 | 测试结果 |
| --- | --- | --- |
| PC1 pingR1 | Ping 1. 1. 1. 1 | 通 |
| PC1 ping PC2 | Ping 192. 168. 2. 250 | 通 |
| PC2 ping PC3 | Ping 192. 168. 1. 250 | 通 |

（五）验证 VRRP 能否自动切换

关闭 SW1 的 VLANIF 10 接口，然后在 PC1 上 ping 1.1.1.1，发现在连续丢失了一些包之后，网络又恢复连通了，说明 VRRP 切换正常，因为 SW1 的 VLANIF 10 接口是 PC1 的主网关（对应命令"[SW1-Vlanif10]vrrp vrid 1 priority 120"，默认优先级为 100）。

## 五、项目小结与知识拓展

本项目是一个非常典型的高可靠性园区网，在二层上通过 MSTP 提供冗余链路，在三层上通过 VRRP 提供冗余网关，保证了网络在单链路故障的情况下仍然能够持续通信。

在 VRRP 环境下，DHCP 服务器一般要部署在核心设备上，并在汇聚层上开启 DHCP 中继功能为接入层 PC 提供服务。如果在汇聚层上直接开启 DHCP 服务，将导致 VRRP 不能正常工作。

配置单域 MSTP 时的注意事项如下：

（1）都启动了 MSTP。

（2）具有相同的域名。

（3）具有相同的 VLAN 到生成树实例映射配置。

（4）具有相同的 MSTP 修订级别配置。

配置 VRRP 时的注意事项：

(1)VRRP 优先级 0 被系统保留作为特殊用途；优先级值 255 保留给 IP 地址拥有者，取值范围是 1～254。

(2)IP 地址拥有者的优先级固定为 255，用户不能手动修改。

(3)优先级取值相同的情况下，同时竞争 Master 时，备份组所在接口的主 IP 地址较大的成为 Master 设备；VRRP 备份组中先切换至 Master 状态的设备为 Master 设备，其余 Backup 设备不再进行抢占。

(4)VRRP 虚拟 MAC 地址是虚拟路由器根据其配置的虚拟路由器 ID 生成的，格式为：00-00-5E-00-01-{VRID}(VRRP)；00-00-5E-00-02-{VRID}(VRRP6)。

(5)VRRP 备份设备抢占为主设备时，会主动广播一个免费 ARP 报文，以通知下游设备更新 ARP 表。

本项目提供的配置属于基础配置，后期仍然有很多地方可以优化，如缩短 OSPF 收敛时间、配置 OSPF 业务网段的静默端口、配置 VRRP 检测上行端口、配置 VRRP 抢占功能，等等。

# 项目七
# PPP 接入与 PAP/CHAP 认证

在广域网接入中,经常使用 PPP 链路和协议,比如家庭宽带网络接入一般均使用 PPPoE (PPP Over Ethernet)方式,PPP 接入时一般会要求用户侧的认证,确保接入的用户是合法用户。本项目介绍了 PPP 认证的两种常用方式:PAP 和 CHAP,其原理和配置过程均比较简单。

**学习目标**

1. 掌握 PPP 链路的应用场合与工作原理。
2. 掌握 PPP PAP 认证配置。
3. 掌握 PPP CHAP 认证配置。

## 一、网络拓扑图

PPP 接入与 PAP/CHAP 认证如图 2.7.1 所示。

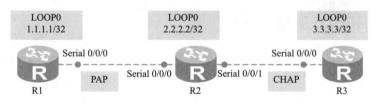

图 2.7.1　PPP 接入与 PAP/CHAP 认证

## 二、环境与设备要求

(1)按表 2.7.1 所列清单准备好网络设备,并依图 2.7.1 搭建网络拓扑图。

表 2.7.1　设备清单

| 设　备 | 型　号 | 数　量 |
|---|---|---|
| 路由器 | Router | 2(R1,R3) |
| 路由器 | AR3260 | 1(R2) |

(2)为计算机和相关接口配置 IP 地址,设备配置清单见表 2.7.2。

表 2.7.2　设备配置清单

| 设　备 | 连接端口 | IP 地址 | 子网掩码 | 网　关 |
|---|---|---|---|---|
| R1 Loopback 0 | — | 1.1.1.1 | 255.255.255.255 | — |

续上表

| 设　　备 | 连接端口 | IP 地址 | 子网掩码 | 网　　关 |
|---|---|---|---|---|
| R2 Loopback 0 | — | 2. 2. 2. 2 | 255. 255. 255. 255 | — |
| R3 Loopback 0 | — | 3. 3. 3. 3 | 255. 255. 255. 255 | — |
| R1 S0/0/0 | R2 S0/0/0 | 10. 0. 12. 1 | 255. 255. 255. 0 | — |
| R2 S0/0/0 | R1 S0/0/0 | 10. 0. 12. 2 | 255. 255. 255. 0 | — |
| R2 S0/0/1 | R3 S0/0/0 | 10. 0. 23. 2 | 255. 255. 255. 0 | — |
| R3 S0/0/0 | R2 S0/0/1 | 10. 0. 23. 3 | 255. 255. 255. 0 | — |

（3）在 R1 和 R2 上开启 PAP 认证，用户名为 hw1，密码为 abc，R2 为认证方，R1 为被认证方。

（4）在 R2 和 R3 上开启 CHAP 认证，用户名为 hw2，密码为 abc，R2 为认证方，R3 为被认证方。

## 三、认知与配置过程

### （一）配置各路由器的接口 IP 地址

```
[R1-LoopBack0]ip address 1. 1. 1. 1 255. 255. 255. 255
[R1-Serial0/0/0]ip address 10. 0. 12. 1 255. 255. 255. 0
[R2-LoopBack0]ip address 2. 2. 2. 2 255. 255. 255. 255
[R2-Serial0/0/0]ip address 10. 0. 12. 2 255. 255. 255. 0
[R2-Serial0/0/1]ip address 10. 0. 23. 2 255. 255. 255. 0
[R3-LoopBack0]ip address 3. 3. 3. 3 255. 255. 255. 255
[R3-Serial0/0/0]ip address 10. 0. 23. 3 255. 255. 255. 0
```

### （二）在各路由器上开启 OSPF 路由

```
[R1]ospf 1 router-id 1. 1. 1. 1
[R1-ospf-1]area 0
[R1-ospf-1-area-0. 0. 0. 0]network 0. 0. 0. 0 0. 0. 0. 0
[R2]ospf 1 router-id 2. 2. 2. 2
[R2-ospf-1]area 0
[R2-ospf-1-area-0. 0. 0. 0]network 0. 0. 0. 0 0. 0. 0. 0
[R3]ospf 1 router-id 3. 3. 3. 3
[R3-ospf-1]area 0
[R3-ospf-1-area-0. 0. 0. 0]network 0. 0. 0. 0 0. 0. 0. 0
```

### （三）验证 OSPF 路由表

```
[R1]display ospf routing
OSPF Process 1 with Router ID 1. 1. 1. 1
  Routing Tables
Routing for Network
Destination      Cost   Type    NextHop        AdvRouter       Area
1. 1. 1. 1/32    0      Stub    1. 1. 1. 1     1. 1. 1. 1      0. 0. 0. 0
10. 0. 12. 0/24  1562   Stub    10. 0. 12. 1   1. 1. 1. 1      0. 0. 0. 0
2. 2. 2. 2/32    1562   Stub    10. 0. 12. 2   2. 2. 2. 2      0. 0. 0. 0
```

| 3. 3. 3. 3/32 | 3124 | Stub | 10. 0. 12. 2 | 3. 3. 3. 3 | 0. 0. 0. 0 |
| 10. 0. 23. 0/24 | 3124 | Stub | 10. 0. 12. 2 | 2. 2. 2. 2 | 0. 0. 0. 0 |

可以看到 OSPF 工作正常，全网能够互通。

## (四)在 R1 和 R2 上开启 PAP 认证，R2 为认证方

```
[R2]aaa
[R2-aaa]local-user hw1 password cipher abc
[R2-aaa]local-user hw1 service-type ppp
[R2-aaa]local-user hw2 password cipher abc
[R2-aaa]local-user hw2 service-type ppp
[R2-aaa]quit
[R2]int s0/0/0
[R2-Serial0/0/0]ppp authentication-mode pap
[R2-Serial0/0/0]shutdown
[R2-Serial0/0/0]undo shutdown
```

**注意**：配置 PAP 之后，需要重新开启端口。

可以看到认证错误的提示：

Mar 28 2023 09:23:42-08:00 R2 % % 01PPP/4/PEERNOPAP(l)[30]:On the interface Serial0/0/0, authentication failed and PPP link was closed because PAP was disabled on the peer.

接下来在 R1 S0/0/0 口上配置发送 PAP 认证。

```
[R1-Serial0/0/0]ppp pap local-user hw1 password cipher abc
[R1-Serial0/0/0]shutdown
[R1-Serial0/0/0]undo shutdown
```

可以看到如下的提示信息，表明 R1 S0/0/0 口重新开启(UP)了。

Mar 28 2023 09:26:10-08:00 R1 % % 01IFNET/4/LINK_STATE(l)[36]:The line protocol PPP on the interface Serial0/0/0 has entered the UP state.

## (五)在 R2 和 R3 上开启 CHAP 认证，R2 为认证方

```
[R2-Serial0/0/1]ppp authentication-mode chap
[R2-Serial0/0/1]shutdown
[R2-Serial0/0/1]undo shutdown
```

可以看到认证错误的提示：

Mar 28 2023 09:31:42-08:00 R2 % % 01PPP/4/PEERNOCHAP(l)[7]:On the interface Serial0/0/1, authentication failed and PPP link was closed because CHAP was disabled on the peer.

接下来在 R3 S0/0/0 口上配置发送 CHAP 认证。

```
[R3-Serial0/0/0]ppp chap user hw2
[R3-Serial0/0/0]ppp chap password cipher abc
[R3-Serial0/0/0]shutdown
[R3-Serial0/0/0]undo shutdown
```

可以看到如下的提示信息，表明 R3 S0/0/0 口重新开启(UP)了。

Mar 28 2023 09:32:35-08:00 R3 % % 01IFNET/4/LINK_STATE(l)[4]:The line protocol PPP on the interface Serial0/0/0 has entered the UP state.

### 四、测试并验证结果

（1）PPP PAP 配置成功。

（2）PPP CHAP 配置成功。

（3）R1、R2、R3 之间能够两两互通。

### 五、项目小结与知识拓展

广域网中经常会使用串行链路来提供远距离的数据传输，高级数据链路控制 HDLC 和点对点协议 PPP 是两种典型的串口封装协议。命令"link-protocol"用于指定数据链路层的协议，默认为 PPP 协议。

串行链路普遍用于广域网中。串行链路中定义了两种数据传输方式：异步传输和同步传输。

异步传输是以字节为单位来传输数据，并且需要采用额外的起始位和停止位来标记每个字节的开始和结束的。起始位为二进制值 0，停止位为二进制值 1。在这种传输方式下，开始位和停止位占据发送数据的相当大的比例，每个字节的发送都需要额外的开销。

同步传输是以帧为单位来传输数据，在通信时需要使用时钟来同步本端和对端的设备通信。DCE 即数据通信设备，它提供了一个用于同步 DCE 设备和 DTE 设备之间数据传输的时钟信号。DTE 即数据终端设备，它通常使用 DCE 产生的时钟信号。

PPP 包含两个组件：链路控制协议 LCP 和网络层控制协议 NCP。

LCP 可以自动检测链路环境，如是否存在环路；协商链路参数，如最大数据包长度，使用何种认证协议等。与其他数据链路层协议相比，PPP 协议的一个重要特点是可以提供认证功能，链路两端可以协商使用何种认证协议来实施认证过程，只有认证成功之后才会建立连接。

NCP 对应了一种网络层协议，用于协商网络层地址等参数，例如 IPCP 用于协商控制 IP 协议，IPXCP 用于协商控制 IPX 协议等。

PAP 认证协议为两次握手认证协议，密码以明文方式在链路上发送，认证过程如下：

（1）LCP 协商完成后，认证方要求被认证方使用 PAP 进行认证，被认证方将配置的用户名和密码信息使用 Authenticate-Request 报文以明文方式发送给认证方。

（2）认证方收到被认证方发送的用户名和密码信息之后，根据本地配置的用户名和密码数据库检查用户名和密码信息是否匹配，如果匹配，则返回 Authenticate-Ack 报文，表示认证成功。否则，返回 Authenticate-Nak 报文，表示认证失败。

CHAP 认证过程需要三次报文的交互。为了匹配请求报文和回应报文，报文中含有 Identifier 字段，一次认证过程所使用的报文均使用相同的 Identifier 信息，认证过程如下：

（1）LCP 协商完成后，认证方发送一个 Challenge 报文给被认证方，报文中含有 Identifier 信息和一个随机产生的 Challenge 字符串，此 Identifier 即为后续报文所使用的 Identifier。

（2）被认证方收到此 Challenge 报文之后，进行一次加密运算，运算公式为 MD5｛Identifier＋密码＋Challenge｝，意思是将 Identifier、密码和 Challenge 三部分连成一个字符串，然后对此字符串做 MD5 运算，得到一个 16 字节长的摘要信息，然后将此摘要信息和端口上配置的 CHAP 用户名一起封装在 Response 报文中发回认证方。

（3）认证方接收到被认证方发送的 Response 报文之后，按照其中的用户名在本地查找相应的密码信息，得到密码信息之后，进行一次加密运算，运算方式和被认证方的加密运算方式相同，然后将加密运算得到的摘要信息和 Response 报文中封装的摘要信息做比较，相同则认证成功，不相同则认证失败。

使用 CHAP 认证方式时，被认证方的密码是被加密后才进行传输的，这样就极大地提高了安全性。

# 项目八
# 配置 OSPF 与 bfd 联动

在可靠性要求很高的计算机网络中,对网络响应时间的要求通常会非常苛刻(如要求毫秒级响应),然而大多数网络协议的收敛时间达不到这个要求(如 OSPF 协议在网络故障后,重新收敛的时间至少需要 40 s),这远远满足不了业务的需求,bfd 就是在这种背景下诞生的。bfd 是一个用于检测两个转发点之间故障的网络协议,可以提供毫秒级的检测,通过与上层路由协议联动,实现路由的快速收敛,确保业务的永续性,bfd 可以与多种路由协议联动(静态路由、OSPF、BGP、VRRP 等)。

1. 掌握 bfd 协议的工作原理和应用场合。
2. 掌握 bfd 协议的配置。
3. 掌握 OSPF 与 bfd 联动配置。

## 一、网络拓扑图

OSPF 与 bfd 联动如图 2.8.1 所示。

图 2.8.1　OSPF 与 bfd 联动

## 二、环境与设备要求

(1)按表 2.8.1 所列清单准备好网络设备,并依图 2.8.1 搭建网络拓扑图。

表 2.8.1　设备清单

| 设　　备 | 型　　号 | 数　　量 |
| --- | --- | --- |
| 路由器 | Router | 2 |
| 集线器 | HUB | 1 |

(2)为计算机和相关接口配置 IP 地址,设备配置清单见表 2.8.2。

表 2.8.2　设备配置清单

| 设　　备 | 连接端口 | IP 地址 | 子网掩码 | 网　关 |
| --- | --- | --- | --- | --- |
| R1 E0/0/0 | HUB E0/0/0 | 10.0.12.1 | 255.255.255.0 | — |

| 设　　备 | 连接端口 | IP 地址 | 子网掩码 | 网　　关 |
|---|---|---|---|---|
| R2 E0/0/0 | HUB E0/0/1 | 10.0.12.2 | 255.255.255.0 | — |
| R1 Looback 0 | — | 1.1.1.1 | 255.255.255.255 | — |
| R2 Looback 0 | — | 2.2.2.2 | 255.255.255.255 | — |

(3)当 R1 或 R2 出故障时,对端可以通过 bfd 协议迅速检测到链路变化,从而引发 OSPF 路由的更新。

## 三、认知与配置过程

### (一)配置路由器的接口 IP 地址

参考第一篇项目二配置。

### (二)配置 R1 和 R2 上的 OSPF 路由

[R1]ospf 1 router-id 1.1.1.1
[R1-ospf-1]area 0
[R1-ospf-1-area-0.0.0.0]network 0.0.0.0 0.0.0.0
[R2]ospf 1 router-id 2.2.2.2
[R2-ospf-1]area 0
[R2-ospf-1-area-0.0.0.0]network 0.0.0.0 0.0.0.0

配置完成后,在 R1 上查看 OSPF 路由表。

[R1]dis ospf routing

OSPF Process 1 with Router ID 1.1.1.1  Routing Tables

Routing for Network
| Destination | Cost | Type | NextHop | AdvRouter | Area |
|---|---|---|---|---|---|
| 1.1.1.1/32 | 0 | Stub | 1.1.1.1 | 1.1.1.1 | 0.0.0.0 |
| 10.0.12.0/24 | 1 | Transit | 10.0.12.1 | 1.1.1.1 | 0.0.0.0 |
| 2.2.2.2/32 | 1 | Stub | 10.0.12.2 | 2.2.2.2 | 0.0.0.0 |

可以看到 R1 已经通过 OSPF 学习到了 R2 的路由。
接下来关闭 R2 的 E0/0/0 口。

[R2-Ethernet0/0/0]shutdown

观察 R1 上的 OSPF 路由,发现 R1 需要经过 40 s 的延迟才能更新路由表(4 倍的 Hello 时间),或者说在这 40 s 的时间内,R1 上的路由表是错误的。

### (三)配置 R1 和 R2 上的 OSPF 与 bfd 联动

重新开启 R2 的 E0/0/0 口。

[R2-Ethernet0/0/0]undo shutdown

**1. 启动 R1 和 R2 的全局 bfd 功能**

[R1]bfd
[R2]bfd

## 2. 使能 R1 E0/0/0 口和 R2 E0/0/0 口的 OSPF bfd 功能

```
[R1-Ethernet0/0/0]ospf bfd enable
[R2-Ethernet0/0/0]ospf bfd enable
```

在 R1 上查看 bfd 会话状态。

```
[R1]dis bfd session all
-------------------------------------------------------------------------------
Local Remote     PeerIpAddr      State    Type     InterfaceName
-------------------------------------------------------------------------------
8192   8192      10.0.12.2       Up       D_IP_IF  Ethernet0/0/0
-------------------------------------------------------------------------------
  Total UP/DOWN Session Number : 1/0
```

可以看到 bfd 状态为 Up，再次关闭 R2 的 E0/0/0 口，并观察 R1 上的 OSPF 路由，可以发现 R1 能够迅速地更新路由表，不需要等待 40 s 的延迟。

### 四、测试并验证结果

通过将 OSPF 与 bfd 联动，可以快速地实现链路状态监测与路由更新。

### 五、项目小结与知识拓展

bfd 是双向转发检测机制的缩写（在 RFC 5880 中定义），它是一个用于检测两个转发点之间故障的网络协议，可以提供毫秒级的检测，通过与上层路由协议联动，实现路由的快速收敛，确保业务的永续性。

bfd 在两台路由器或路由交换机上建立会话，用来监测两台路由器间的双向转发路径，为上层协议服务。bfd 本身并没有发现机制，而是靠被服务的上层协议通知其该与谁建立会话，会话建立后如果在检测时间内没有收到对端的 bfd 控制报文，则认为发生故障，通知被服务的上层协议，上层协议进行相应的处理。

bfd 在实践中可以与很多协议进行灵活的联动配置，见表 2.8.3。

表 2.8.3　bfd 常用配置

| 功　能 | 配置命令 |
|---|---|
| 使能 OSPF 所有接口的 bfd 联动 | [R1-ospf-1]bfd all-interfaces enable |
| bfd 与 VRRP 联动 | [R1]bfd 1 bind peer-ip [对端 IP]source-ip [本端 IP]auto<br>[R1-Vlanif100]vrrp vrid 1 priority 120<br>[R1-Vlanif100]vrrp vrid 1 track bfd-session 1 reduced 40 |
| bfd 与静态路由联动 | [R1]bfd 1 bind peer-ip [对端 IP]source-ip [本端 IP]auto<br>[R1]ip route-static 0.0.0.0 0.0.0.0 10.0.12.2 track bfd-session 1 |
| bfd 与 BGP 联动 | [R1-bgp]peer 2.2.2.2 as-number 100<br>[R1-bgp]peer 2.2.2.2 connect-interface Loopback0<br>[R1-bgp]peer 2.2.2.2 bfd enable |

# 项目九
# MuxVLAN 组网

MuxVLAN 技术是一种在同一个 VLAN 内的不同端口间进行二层流量隔离的技术,适用于一些特定的场合,比如某企业允许员工之间互相访问且都能够访问公司服务器,客户之间不能互相访问但都能够访问公司服务器,此时就可以使用 MuxVLAN 来实现。

### 学习目标

1. 掌握 MuxVLAN 的应用场合。
2. 掌握 MuxVLAN 的配置方法。

## 一、网络拓扑图

MuxVLAN 组网如图 2.9.1 所示。

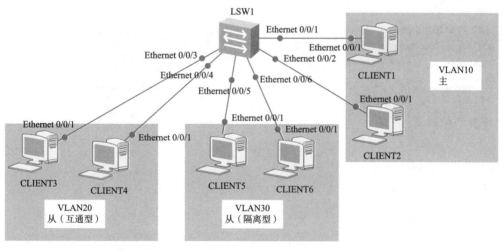

图 2.9.1 MuxVLAN 组网

## 二、环境与设备要求

(1)按表 2.9.1 所列清单准备好网络设备,并依图 2.9.1 搭建网络拓扑图。

表 2.9.1 设备清单

| 设 备 | 型 号 | 数 量 |
|---|---|---|
| 交换机 | S3700 | 1 |
| 计算机 | PC | 6 |

（2）为计算机和相关接口配置 IP 地址，设备配置清单见表 2.9.2。

表 2.9.2　设备配置清单

| 设　　备 | 连接端口 | IP 地址 | 子网掩码 | 网　　关 |
|---|---|---|---|---|
| PC1 | LSW1 E0/0/1 | 192.168.1.1 | 255.255.255.0 | — |
| PC2 | LSW1 E0/0/2 | 192.168.1.2 | 255.255.255.0 | — |
| PC3 | LSW1 E0/0/3 | 192.168.1.3 | 255.255.255.0 | — |
| PC4 | LSW1 E0/0/4 | 192.168.1.4 | 255.255.255.0 | — |
| PC5 | LSW1 E0/0/5 | 192.168.1.5 | 255.255.255.0 | — |
| PC6 | LSW1 E0/0/6 | 192.168.1.6 | 255.255.255.0 | — |

（3）VLAN20、VLAN30 内的 PC 都可以和 VLAN10 内的 PC 通信。

（4）VLAN10 内的 PC 之间可以互相通信。

（5）VLAN20 内的 PC 之间可以互相通信。

（6）VLAN30 内的 PC 之间不能互相通信。

## 三、认知与配置过程

### （一）在交换机上创建 VLAN

[SW1]vlan batch 10 20 30

### （二）配置 VLAN10 为 MuxVLAN，并添加互通型、隔离型从 VLAN

[SW1-vlan10]mux-vlan
[SW1-vlan10]subordinate separate 30
[SW1-vlan10]subordinate group 20

### （三）配置交换机接口加入对应的 VLAN，并启用端口的 MuxVLAN 功能

配置清单如下：

```
#
interface Ethernet0/0/1
port link-type access
port default vlan 10
port mux-vlan enable
#
interface Ethernet0/0/2
port link-type access
port default vlan 10
port mux-vlan enable
#
interface Ethernet0/0/3
port link-type access
port default vlan 20
port mux-vlan enable
#
```

```
interface Ethernet0/0/4
port link-type access
port default vlan 20
port mux-vlan enable
#
interface Ethernet0/0/5
port link-type access
port default vlan 30
port mux-vlan enable
#
interface Ethernet0/0/6
port link-type access
port default vlan 30
port mux-vlan enable
#
```

## 四、测试并验证结果

测试清单见表 2.9.3。

表 2.9.3　测试清单

| 测试案例 | 测试命令 | 测试结果 |
| --- | --- | --- |
| PC1 ping PC2 | Ping 192.168.1.2 | 通 |
| PC3 ping PC1 | Ping 192.168.1.1 | 通 |
| PC3 ping PC4 | Ping 192.168.1.4 | 通 |
| PC3 ping PC5 | Ping 192.168.1.5 | 不通 |
| PC5 ping PC1 | Ping 192.168.1.1 | 通 |
| PC5 ping PC6 | Ping 192.168.1.6 | 不通 |

## 五、项目小结与知识拓展

MuxVLAN 提供了一种在 VLAN 内的端口间进行二层流量隔离的机制,其工作原理是:将同一个子网内的设备,划分至不同的 VLAN,然后通过调整 VLAN 的角色使其能够通信或不能通信。

MuxVLAN 由两类 VLAN 组成:主 VLAN 和从 VLAN,从 VLAN 又分为互通型从 VLAN 和隔离型从 VLAN,它们之间的互通关系如下:

(1)主 VLAN 可以和所有从 VLAN 通信。

(2)不同的从 VLAN 之间不能互通。

(3)互通型从 VLAN 内的设备之间可以互通。

(4)隔离型从 VLAN 内的设备之间不能互通。

MuxVLAN 的典型应用场合:在企业网络中,企业员工和企业客户可以访问企业的服务器。对于企业来说,希望企业内部员工之间可以互相交流,而企业客户之间是隔离的,不能够互相访问。通过 MuxVLAN 提供的二层流量隔离的机制可以实现企业内部员工之间互相交流,而企业客户之间是隔离的。

如果仅仅是需要配置同一个 VLAN 下的二层通信隔离，也可以使用端口隔离功能（Port-isolate）来实现，比如：

```
[Huawei]port-isolate mode l2
[Huawei-Ethernet0/0/1]port-isolate enable group 1
[Huawei-Ethernet0/0/2]port-isolate enable group 1
```

将 E0/0/1 和 E0/0/2 口加入了同一个隔离组，互相之间就不能通信了。

# 项目十
# IPSec VPN 组网

IPSec VPN 是一种跨越运营商的、远程的、安全的企业内网间通信的技术方案，如公司总部在北京，分公司在深圳，双方之间需要进行安全（数据经过运营商时需要加密）的内网通信，此时就可以使用 IPSec VPN 来实现。IPSec VPN 是由 IETF 定义的一个协议组，通信双方在 IP 层通过加密、完整性校验、数据源认证等方式，保证了 IP 数据报文在网络上传输的机密性、完整性和防重放。在配置上，IPSec VPN 的配置步骤较多且需要一定的网络安全基础知识。本项目介绍了 IPSec VPN 的基本概念、工作原理和配置过程。

## 学习目标

1. 掌握 IPSec 的应用场合与工作原理。
2. 掌握 IPSec 的配置。
3. 掌握 IPSec 与 NAT 的协同工作。

## 一、网络拓扑图

IPSec VPN 组网如图 2.10.1 所示。

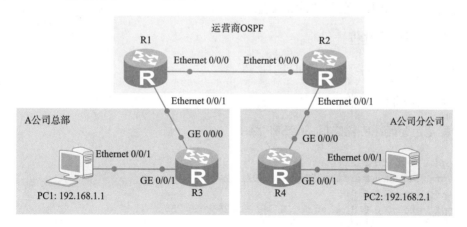

图 2.10.1　IPSec VPN 组网

## 二、环境与设备要求

(1)按表 2.10.1 所列清单准备好网络设备，并依图 2.10.1 搭建网络拓扑图。

表 2.10.1  设备清单

| 设  备 | 型  号 | 数  量 |
|---|---|---|
| 路由器 | Router | 2(运营商侧) |
| 路由器 | AR3260 | 2(公司侧) |

(2)为计算机和相关接口配置 IP 地址,设备配置清单见表 2.10.2。

表 2.10.2  设备配置清单

| 设  备 | 连接端口 | IP 地址 | 子网掩码 | 网  关 |
|---|---|---|---|---|
| PC1 | R3 G0/0/1 | 192.168.1.1 | 255.255.255.0 | 192.168.1.254 |
| PC2 | R4 G0/0/1 | 192.168.2.1 | 255.255.255.0 | 192.168.2.254 |
| R3 G0/0/0 | R1 E0/0/1 | 10.0.13.3 | 255.255.255.0 | — |
| R3 G0/0/1 | PC1 | 192.168.1.254 | 255.255.255.0 | — |
| R1 E0/0/0 | R2 E0/0/0 | 10.0.12.1 | 255.255.255.0 | — |
| R1 E0/0/1 | R3 G0/0/0 | 10.0.13.1 | 255.255.255.0 | — |
| R2 E0/0/0 | R1 E0/0/0 | 10.0.12.2 | 255.255.255.0 | — |
| R2 E0/0/1 | R4 G0/0/0 | 10.0.24.2 | 255.255.255.0 | — |
| R4 G0/0/0 | R2 E0/0/1 | 10.0.24.4 | 255.255.255.0 | — |
| R4 G0/0/1 | PC2 | 192.168.2.254 | 255.255.255.0 | — |
| R1 Loopback 0 | — | 1.1.1.1 | 255.255.255.255 | — |
| R2 Loopback 0 | — | 2.2.2.2 | 255.255.255.255 | — |
| R3 Loopback 0 | — | 3.3.3.3 | 255.255.255.255 | — |
| R4 Loopback 0 | — | 4.4.4.4 | 255.255.255.255 | — |

(3)A 公司的总部和分公司之间能够进行安全的内网通信。
(4)A 公司的总部和分公司要能正常连通 Internet。

## 三、认知与配置过程

### (一)配置 PC 和路由器的接口 IP 地址

参考第一篇项目二配置。

### (二)配置运营商路由器之间的 OSPF 路由

```
[R1]ospf 1 router-id 1.1.1.1
[R1-ospf-1]silent-interface Ethernet0/0/1
[R1-ospf-1]area 0.0.0.0
[R1-ospf-1-area-0.0.0.0]network 0.0.0.0 255.255.255.255
[R2]ospf 1 router-id 2.2.2.2
[R2-ospf-1]silent-interface Ethernet0/0/1
[R2-ospf-1]area 0.0.0.0
[R2-ospf-1-area-0.0.0.0]network 0.0.0.0 255.255.255.255
```

### (三)配置 R3 和 R4 上的默认路由与 NAT

在 R3 和 R4 上建立 ACL3100,匹配内网访问 Internet 的流量,注意要屏蔽总部和分公司之间的流量。同时在 G0/0/0 接口上开启 Easy-ip 使能 NAT 功能。

### 1. 配置 R3

[R3]ip route-static 0.0.0.0 0.0.0.0 10.0.13.1

[R3]acl 3100

[R3-acl-adv-3100]rule 5 deny ip source 192.168.1.0 0.0.0.255 destination 192.168.2.0 0.0.0.255

[R3-acl-adv-3100]rule 10 permit ip source 192.168.1.0 0.0.0.255

[R3-GigabitEthernet0/0/0]nat outbound 3100

### 2. 配置 R4

[R4]ip route-static 0.0.0.0 0.0.0.0 10.0.24.2

[R4]acl 3100

[R4-acl-adv-3100]rule 5 deny ip source 192.168.2.0 0.0.0.255 destination 192.168.1.0 0.0.0.255

[R4-acl-adv-3100]rule 10 permit ip source 192.168.2.0 0.0.0.255

[R4-GigabitEthernet0/0/0]nat outbound 3100

至此,完成了总部和分公司访问 Internet 的配置。

但此时总部和分公司之间仍然不能通信,接下来在 R3 和 R4 上配置 IPSec VPN,使得总部和分公司之间的通信如同内网间通信一样。

## (四)配置 IPSec VPN

### 1. 配置 R3

(1)配置 ipsec proposal,使能认证和加密功能。

[R3]ipsec proposal ipsecpro1

[R3-ipsec-proposal-ipsecpro1]transform ah-esp

(2)配置 IKE proposal,使用默认的认证(SHA1)和加密算法(DES-CBC),密码生成方式为预共享。

[R3]ike proposal 1

<R3> dis ike proposal number　1

------------------------------------------

IKE Proposal: 1

    Authentication method　　　: pre-shared

    Authentication algorithm　: SHA1

    Encryption algorithm　　　: DES-CBC

    DH group　　　　　　　　　: MODP-768

    SA duration　　　　　　　　: 86400

    PRF　　　　　　　　　　　　: PRF-HMAC-SHA

------------------------------------------

(3)配置 IKE 对等体,并绑定 IKE proposal 1。

[R3]ike peer R4

[R3-ike-peer-R4]pre-shared-key simple abc

[R3-ike-peer-R4]ike-proposal 1

[R3-ike-peer-R4]local-address 10.0.13.3

[R3-ike-peer-R4]remote-address 10.0.24.4

其中,local-address 和 remote-address 分别为 R3 和 R4 路由器与运营商连接的物理接口 IP 地址。

（4）配置 ACL 匹配 IPSec 流量。

```
[R3]acl 3000
[R3-acl-adv-3000]rule permit ip source 192.168.1.0 0.0.0.255 destination 192.168.2.0 0.0.0.255
```

其中原端为总部的 IP 子网，目的端为分公司的 IP 子网。

（5）配置 IPSec 策略，并绑定 ACL、IKE 对等体和 IPSec proposal。

```
[R3]ipsec policy comA 1 isakmp
[R3-ipsec-policy-isakmp-coma-1]security acl 3000
[R3-ipsec-policy-isakmp-coma-1]ike-peer R4
[R3-ipsec-policy-isakmp-coma-1]proposal ipsecpro1
```

（6）绑定 IPSec 策略至 G0/0/0 端口，使能 IPSec VPN。

```
[R3-GigabitEthernet0/0/0]ipsec policy comA
```

**2. 配置 R4**

R4 上的 IPSec VPN 配置与 R3 是对称的，此处仅列出一些关键的配置内容，不再按步骤详细叙述。

```
<R4> display current-configuration
#
acl number 3000
rule permit ip source 192.168.2.0 0.0.0.255 destination 192.168.1.0 0.0.0.255
#
ipsec proposal ipsecpro1
transform ah-esp
#
ike proposal 1
#
ike peer R3 v1
pre-shared-key simple abc
ike-proposal 1
local-address 10.0.24.4
remote-address 10.0.13.3
#
ipsec policy comA 1 isakmp
security acl 3000
ike-peer R3
proposal ipsecpro1
#
interface GigabitEthernet0/0/0
ipsec policy comA
#
```

至此，完成 IPSec VPN 的配置。

## 四、测试并验证结果

测试清单见表 2.10.3。

表 2.10.3　测试清单

| 测试案例 | 测试命令 | 测试结果 |
|---|---|---|
| PC1 pingR2 | Ping 2.2.2.2 | 通 |
| PC2 ping R1 | Ping 1.1.1.1 | 通 |
| PC1 ping PC2 | Ping 192.168.2.1 | 通 |

## 五、项目小结与知识拓展

IPSec 是 IETF 定义的一个协议组。通信双方在 IP 层,通过加密、完整性校验、数据源认证等方式,保证了 IP 数据报文在网络上传输的机密性、完整性和防重放。企业远程分支机构可以通过使用 IPSec VPN 建立安全传输通道,接入到企业总部网络。

(1)机密性指对数据进行加密保护,用密文的形式传送数据。

(2)完整性指对接收的数据进行认证,以判定报文是否被篡改。

(3)防重放指防止恶意用户通过重复发送捕获到的数据包所进行的攻击,即接收方会拒绝旧的或重复的数据包。

IPSec VPN 体系结构主要由 AH、ESP 和 IKE 协议套件组成。

(1)AH 协议:主要提供的功能有数据源验证、数据完整性校验和防报文重放功能。然而,AH 并不加密所保护的数据报。

(2)ESP 协议:除提供 AH 协议的所有功能外(但其数据完整性校验不包括 IP 头),还提供对 IP 报文的加密功能。

(3)IKE 协议:用于自动协商 AH 和 ESP 所使用的密码算法。

SA 安全联盟定义了 IPSec 通信对等体间将使用的数据封装模式、认证和加密算法、秘钥等参数。SA 是单向的,两个对等体之间的双向通信,至少需要两个 SA。如果两个对等体希望同时使用 AH 和 ESP 安全协议来进行通信,则对等体针对每一种安全协议都需要协商一对 SA(共 4 个 SA)。SA 由一个三元组来唯一标识,这个三元组包括安全参数索引 SPI、目的 IP 地址、安全协议(AH 或 ESP)。建立 SA 的方式有以下两种:

(1)手工方式:安全联盟所需的全部信息都必须手工配置。手工方式建立安全联盟比较复杂,但优点是可以不依赖 IKE 而单独实现 IPSec 功能。当对等体设备数量较少时,或是在小型静态环境中,手工配置 SA 是可行的。

(2)IKE 动态协商方式:只需要通信对等体间配置好 IKE 协商参数,由 IKE 自动协商来创建和维护 SA。动态协商方式建立安全联盟相对简单些。对于中、大型的动态网络环境中,推荐使用 IKE 协商建立 SA。

IPSec 协议有两种封装模式:传输模式和隧道模式。传输模式中,在 IP 报文头和高层协议之间插入 AH 或 ESP 头,主要对上层协议数据提供保护。隧道模式中,AH 或 ESP 头封装在原始 IP 报文头之前,并另外生成一个新的 IP 头封装到 AH 或 ESP 之前。隧道模式可以完全地对原始 IP 数据报进行认证和加密,而且可以使用 IPSec 对等体的 IP 地址来隐藏客户机的 IP 地址。

# 项目十一
# GRE 组网

GRE 即通用路由封装,是一个将一种协议的报文封装在另一种协议报文中进行传输的协议,是一种隧道封装技术,配置简单,消耗资源少,实践中被广泛采用(比如跨运营商企业私网间的远程通信、IPv6 过渡技术等),需要注意的是,GRE 并不提供安全性,如有安全需求,可以和 IPSec 结合使用。

**学习目标**

1. 掌握 GRE 的应用场合与工作原理。
2. 掌握 GRE 的配置。
3. 掌握 GRE 与 NAT 的协同工作。

## 一、网络拓扑图

GRE 组网如图 2.11.1 所示。

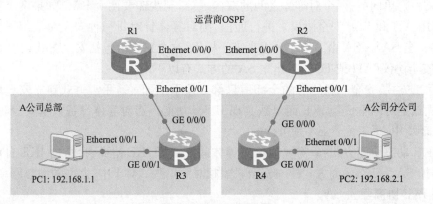

图 2.11.1 GRE 组网

## 二、环境与设备要求

(1)按表 2.11.1 所列清单准备好网络设备,并依图 2.11.1 搭建网络拓扑图。

表 2.11.1 设备清单

| 设 备 | 型 号 | 数 量 |
|---|---|---|
| 路由器 | Router | 2(运营商侧) |
| 路由器 | AR3260 | 2(公司侧) |

（2）为计算机和相关接口配置 IP 地址，设备配置清单见表 2.11.2。

表 2.11.2 设备配置清单

| 设　备 | 连接端口 | IP 地址 | 子网掩码 | 网　关 |
|---|---|---|---|---|
| PC1 | R3 G0/0/1 | 192.168.1.1 | 255.255.255.0 | 192.168.1.254 |
| PC2 | R4 G0/0/1 | 192.168.2.1 | 255.255.255.0 | 192.168.2.254 |
| R3 G0/0/0 | R1 E0/0/1 | 10.0.13.3 | 255.255.255.0 | — |
| R3 G0/0/1 | PC1 | 192.168.1.254 | 255.255.255.0 | — |
| R1 E0/0/0 | R2 E0/0/0 | 10.0.12.1 | 255.255.255.0 | — |
| R1 E0/0/1 | R3 G0/0/0 | 10.0.13.1 | 255.255.255.0 | — |
| R2 E0/0/0 | R1 E0/0/0 | 10.0.12.2 | 255.255.255.0 | — |
| R2 E0/0/1 | R4 G0/0/0 | 10.0.24.2 | 255.255.255.0 | — |
| R4 G0/0/0 | R2 E0/0/1 | 10.0.24.4 | 255.255.255.0 | — |
| R4 G0/0/1 | PC2 | 192.168.2.254 | 255.255.255.0 | — |
| R1 Loopback 0 | — | 1.1.1.1 | 255.255.255.255 | |
| R2 Loopback 0 | — | 2.2.2.2 | 255.255.255.255 | |
| R3 Loopback 0 | — | 3.3.3.3 | 255.255.255.255 | |
| R4 Loopback 0 | — | 4.4.4.4 | 255.255.255.255 | |

（3）A 公司的总部和分公司之间能够进行内网间的通信。

（4）A 公司的总部和分公司要能正常连通 Internet。

## 三、认知与配置过程

IPSec VPN 可以穿越运营商，实现远程机构内网之间的安全通信，但 IPSec 配置复杂，对设备性能要求较高，如果仅仅是有通信的需求，对安全性的要求并不高，则可以考虑使用 GRE 来实现。

### （一）配置 PC 和路由器的接口 IP 地址

参考第一篇项目二配置。

### （二）配置运营商路由器之间的 OSPF 路由

```
[R1]ospf 1 router-id 1.1.1.1
[R1-ospf-1]silent-interface Ethernet0/0/1
[R1-ospf-1]area 0.0.0.0
[R1-ospf-1-area-0.0.0.0]network 0.0.0.0 255.255.255.255
[R2]ospf 1 router-id 2.2.2.2
[R2-ospf-1]silent-interface Ethernet0/0/1
[R2-ospf-1]area 0.0.0.0
[R2-ospf-1-area-0.0.0.0]network 0.0.0.0 255.255.255.255
```

### （三）配置 R3 和 R4 上的默认路由与 NAT

在 R3 和 R4 上建立 ACL2000，匹配内网访问 Internet 的流量，同时在 G0/0/0 接口上开启 Easy-IP 使能 NAT 功能。

**1. 配置 R3**

[R3]ip route-static 0. 0. 0. 0 0. 0. 0. 0 10. 0. 13. 1
[R3]acl2000
[R3-acl-basic-2000]rule permit source 192. 168. 1. 0 0. 0. 0. 255
[R3-GigabitEthernet0/0/0]nat outbound 2000

**2. 配置 R4**

[R4]ip route-static 0. 0. 0. 0 0. 0. 0. 0 10. 0. 24. 2
[R4]acl 2000
[R4-acl-basic-2000]rule permit source 192. 168. 2. 0 0. 0. 0. 255
[R4-GigabitEthernet0/0/0]nat outbound 2000

至此,完成了总部和分公司访问 Internet 的配置。

但此时总部和分公司之间仍然不能通信,接下来在 R3 和 R4 上配置 GRE,使总部和分公司之间的通信如同内网间通信一样。

### (四)配置 GRE

**1. 配置 R3**

[R3]interface Tunnel 0/0/0
[R3-Tunnel0/0/0]description GRE-comA
[R3-Tunnel0/0/0]ip address 3. 3. 3. 30 255. 255. 255. 255
[R3-Tunnel0/0/0]tunnel-protocol gre
[R3-Tunnel0/0/0]source 10. 0. 13. 3
[R3-Tunnel0/0/0]destination 10. 0. 24. 4
[R3]ip route-static 192. 168. 2. 0 255. 255. 255. 0 Tunnel0/0/0

**2. 配置 R4**

[R4]interface Tunnel 0/0/0
[R4-Tunnel0/0/0]description GRE-comA
[R4-Tunnel0/0/0]ip address 4. 4. 4. 40 255. 255. 255. 255
[R4-Tunnel0/0/0]tunnel-protocol gre
[R4-Tunnel0/0/0]source 10. 0. 24. 4
[R4-Tunnel0/0/0]destination 10. 0. 13. 3
[R4]ip route-static 192. 168. 2. 0 255. 255. 255. 0 Tunnel0/0/0

至此,完成 GRE 的配置

## 四、测试并验证结果

测试清单见表 2. 11. 3。

表 2. 11. 3　测试清单

| 测试案例 | 测试命令 | 测试结果 |
| --- | --- | --- |
| PC1 ping R2 | Ping 2. 2. 2. 2 | 通 |
| PC2 ping R1 | Ping 1. 1. 1. 1 | 通 |
| PC1 ping PC2 | Ping 192. 168. 2. 1 | 通 |

## 五、项目小结与知识拓展

IPSec VPN 用于在两个端点之间提供安全的 IP 通信,但只能加密并传播单播数据,无法加密和传输语音、视频、动态路由协议信息等组播数据流量。通用路由封装协议 GRE 提供了将一种协议的报文封装在另一种协议报文中的机制，是一种隧道封装技术。GRE 可以封装组播数据，并可以和 IPSec 结合使用，从而保证语音、视频等组播业务的安全。

GRE 本身并不支持加密，因而通过 GRE 隧道传输的流量是不加密的。将 IPSec 技术与 GRE 相结合，可以先建立 GRE 隧道对报文进行 GRE 封装，然后再建立 IPSec 隧道对报文进行加密，以保证报文传输的完整性和私密性。

GRE 封装报文时，封装前的报文称为净荷，封装前的报文协议称为乘客协议，然后 GRE 会封装 GRE 头部，GRE 成为封装协议，也叫运载协议，最后负责对封装后的报文进行转发的协议称为传输协议。

GRE 封装和解封装报文的过程如下：

（1）设备从连接私网的接口接收到报文后，检查报文头中的目的 IP 地址字段，在路由表查找出接口，如果发现出接口是隧道接口，则将报文发送给隧道模块进行处理。

（2）隧道模块接收到报文后首先根据乘客协议的类型和当前 GRE 隧道配置的校验和参数，对报文进行 GRE 封装，即添加 GRE 报文头。

（3）然后，设备给报文添加传输协议报文头，即 IP 报文头。该 IP 报文头的源地址就是隧道源地址，目的地址就是隧道目的地址。

（4）最后，设备根据新添加的 IP 报文头目的地址，在路由表中查找相应的出接口，并发送报文。之后，封装后的报文将在公网中传输。

（5）接收端设备从连接公网的接口收到报文后，首先分析 IP 报文头，如果发现协议类型字段的值为 47，表示协议为 GRE，于是出接口将报文交给 GRE 模块处理。GRE 模块去掉 IP 报文头和 GRE 报文头，并根据 GRE 报文头的协议类型字段，发现此报文的乘客协议为私网中运行的协议，于是将报文交给该协议处理。

# 项目十二
# WLAN 二层组网

WLAN 是一种利用无线技术实现主机等终端设备灵活接入有线网的技术,最早由 IEEE 于 1997 年在 802.11 标准中定义。在最新的 WLAN 标准中,速率已经接近万兆(802.11ax, 2019,9.6 Gbit/s),目前成为手机用户的首选 Internet 接入方案,部署场合和使用频率呈现越来越高的趋势(家庭、办公室、餐厅等)。大多数情况下,WLAN 网络不是独立存在的,而是作为有线网络的补充(比如校园网 Wi-Fi 覆盖),WLAN 有多种部署方式。本项目介绍最简单的一种部署方式,二层直通式组网。

1. 掌握 WLAN 的应用场合与工作原理。
2. 掌握 WLAN 的配置。

## 一、网络拓扑图

WLAN 二层组网如图 2.12.1 所示。

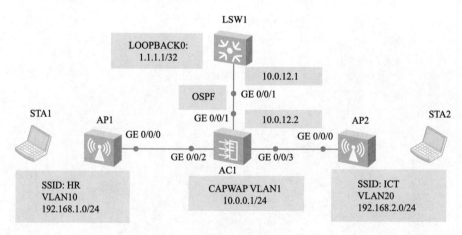

图 2.12.1　WLAN 二层组网

## 二、环境与设备要求

(1)按表 2.12.1 所列清单准备好网络设备,并依图 2.12.1 搭建网络拓扑图。

表 2.12.1　设备清单

| 设　　备 | 型　　号 | 数　　量 |
|---|---|---|
| 交换机 | S5700 | 1 |
| AC | AC6005 | 1 |
| AP | AP2050 | 2 |
| 便携设备 | STA | 2 |

（2）为计算机和相关接口配置 IP 地址，设备配置清单见表 2.12.2。

表 2.12.2　设备配置清单

| 设　　备 | 连接端口 | IP 地址 | 子网掩码 | 网　　关 |
|---|---|---|---|---|
| SW1 Loopback 0 | — | 1.1.1.1 | 255.255.255.255 | — |
| SW1 G0/0/1 | AC1 G0/0/1 | 10.0.12.1 | 255.255.255.0 | — |
| AC1 G0/0/1 | SW1 G0/0/1 | 10.0.12.2(VLANIF 100) | 255.255.255.0 | — |
| AC1 VLANIF 1 | — | 10.0.0.1 | 255.255.255.0 | — |
| AC1 VLANIF 10 | — | 192.168.1.1 | 255.255.255.0 | — |
| AC1 VLANIF 20 | — | 192.168.2.1 | 255.255.255.0 | — |

（3）STA1 和 STA2 能够通过 Wi-Fi 接入临近的 AP，并且能够与 1.1.1.1 连通。

## 三、认知与配置过程

### (一)配置 SW1 和 AC1 之间的连通性

#### 1. 配置 SW1

[SW1-LoopBack0]ip addr 1.1.1.1 32
[SW1]vlan 100
[SW1]int g0/0/1
[SW1-GigabitEthernet0/0/1]p l a
[SW1-GigabitEthernet0/0/1]p d v 100
[SW1]int Vlanif 100
[SW1-Vlanif100]ip addr 10.0.12.1 24
[SW1]ospf 1 router-id 1.1.1.1
[SW1-ospf-1]area 0
[SW1-ospf-1-area-0.0.0.0]network 0.0.0.0 0.0.0.0

#### 2. 配置 AC1

[AC]vlan b 10 20 100
[AC]int g0/0/1
[AC-GigabitEthernet0/0/1]p l a
[AC-GigabitEthernet0/0/1]p d v 100
[AC-GigabitEthernet0/0/1]q
[AC]int vlanif 100
[AC-Vlanif100]ip addr 10.0.12.2 24
[AC-Vlanif100]q
[AC]ospf 1 router-id 2.2.2.2

```
[AC-ospf-1]area 0
[AC-ospf-1-area-0.0.0.0]net 0.0.0.0 0.0.0.0
```

## (二)配置 AC1 的 VLANIF 接口 IP,并使能接口 DHCP 功能

```
[AC]dhcp enable
[AC]int vlanif 1
[AC-Vlanif1]ip addr 10.0.0.1 24
[AC-Vlanif1]dhcp select interface
[AC-Vlanif1]q
[AC]int vlanif 10
[AC-Vlanif10]ip addr 192.168.1.1 24
[AC-Vlanif10]dhcp select interface
[AC-Vlanif10]q
[AC]int vlanif 20
[AC-Vlanif20]ip addr 192.168.2.1 24
[AC-Vlanif20]dhcp select interface
[AC-Vlanif20]q
[AC]int g0/0/2
[AC-GigabitEthernet0/0/2]p l t
[AC-GigabitEthernet0/0/2]p t a v 10
[AC-GigabitEthernet0/0/2]q
[AC]int g0/0/3
[AC-GigabitEthernet0/0/3]p l t
[AC-GigabitEthernet0/0/3]p t a v 20
```

## (三)配置 AC1 上的 WLAN 参数

### 1. 配置 CAPWAP

```
[AC]capwap source interface vlanif 1
```

### 2. 配置安全模板

```
[AC]wlan
[AC-wlan-view]security-profile name secpro1
[AC-wlan-sec-prof-secpro1]security wpa2 psk pass-phrase abc aes
```

### 3. 配置 SSID 模板

```
[AC-wlan-view]ssid-profile name HR
[AC-wlan-ssid-prof-HR]ssid HR
[AC-wlan-ssid-prof-HR]q
[AC-wlan-view]ssid-profile name ICT
[AC-wlan-ssid-prof-ICT]ssid ICT
```

### 4. 配置 VAP 模板,并绑定安全模板、SSID 模板和服务 VLAN

```
[AC-wlan-view]vap-profile name HR
[AC-wlan-vap-prof-HR]security-profile secpro1
[AC-wlan-vap-prof-HR]service-vlan vlan-id 10
[AC-wlan-vap-prof-HR]ssid-profile HR
[AC-wlan-vap-prof-HR]q
[AC-wlan-view]vap-profile name ICT
[AC-wlan-vap-prof-ICT]security-profile secpro1
```

```
[AC-wlan-vap-prof-ICT]ssid-profile ICT
[AC-wlan-vap-prof-ICT]service-vlan vlan-id 20
```

### 5. 配置 AP 组,并绑定 VAP 模板

```
[AC-wlan-view]ap-group name ICT-APS
[AC-wlan-ap-group-ICT-APS]regulatory-domain-profile default
[AC-wlan-ap-group-ICT-APS]vap-profile ICT WLAN 1 radio all
[AC-wlan-ap-group-ICT-APS]q
[AC-wlan-view]ap-group name HR-APS
[AC-wlan-ap-group-HR-APS]regulatory-domain-profile default
[AC-wlan-ap-group-HR-APS]vap-profile HR WLAN 2 radio all
```

## (四)在 AC1 上注册 AP1 和 AP2

### 1. 修改 AP 授权模式为 no-auth,以便先列出可用的 AP 清单

```
[AC-wlan-view]ap auth-mode no-auth
[AC-wlan-view]dis ap all
Info: This operation may take a few seconds. Please wait for a moment. done.
Total AP information:
nor  : normal        [2]
-------------------------------------------------------------------------------
ID  MAC            Name        Group    IP           Type        State STA Uptime
-------------------------------------------------------------------------------
0   00e0-fc49-6870 00e0-fc49-6870 default 10.0.0.115  AP2050DN    nor   0   4M:50S
1   00e0-fc19-09a0 00e0-fc19-09a0 default 10.0.0.50   AP2050DN    nor   0   4M:11S
-------------------------------------------------------------------------------
Total: 2
```

### 2. 根据 MAC 地址,将 AP1 和 AP2 加入各自的 AP 组

```
[AC-wlan-view]ap-id 0
[AC-wlan-ap-0]ap-group ICT-APS
[AC-wlan-ap-0]q
[AC-wlan-view]ap-id 1
[AC-wlan-ap-1]ap-group HR-APS
```

## 四、测试并验证结果

(1)STA1 可以接入无线网络 HR,并能连通 1.1.1.1,Wi-Fi 接入如图 2.12.2 所示。

(2)STA2 可以接入无线网络 ICT,并能连通 1.1.1.1。

```
STA> ping 1.1.1.1
Ping 1.1.1.1: 32 data bytes, Press Ctrl_C to break
From 1.1.1.1: bytes=32  seq=1  ttl=254  time=140 ms
From 1.1.1.1: bytes=32  seq=2  ttl=254  time=109 ms
From 1.1.1.1: bytes=32  seq=3  ttl=254  time=125 ms
From 1.1.1.1: bytes=32  seq=4  ttl=254  time=124 ms
From 1.1.1.1: bytes=32  seq=5  ttl=254  time=109 ms
---1.1.1.1 ping statistics---
  5 packet(s) transmitted
  5 packet(s) received
  0.00%  packet loss
  round-trip min/avg/max=109/121/140 ms
```

图 2.12.2　Wi-Fi 接入

## 五、项目小结与知识拓展

无线局域网 WLAN 是一种利用无线技术实现主机等终端设备灵活接入以太网的技术，它使网络的构建和终端的移动更加方便和灵活。WLAN 不仅可以作为有线局域网的补充和延伸，而且还可以与有线网络互为备份。

802.11 协议组是 IEEE 专门为无线局域网络制定的标准。原始标准制定于 1997 年，工作在 2.4 GHz 频段，速率最高只能达到 2 Mbit/s。随后 IEEE 又相继开发了 802.11a 和 802.11b 两个标准，分别工作在 5 GHz 和 2.4 GHz 频段。这两个标准提供的信号范围有差异。5 GHz 频段信号衰减严重，速率高，但是抗干扰能力差，传输距离较短。2.4 GHz 频段抗衰减能力强，传输距离较远，因而允许在较大的范围内部署更少的 AP。之后，IEEE 还发布了 802.11g，802.11n 和 802.11ac 标准，最新的标准是 2019 年发布的 802.11ax 标准，在 5 GHz 频段下最高速率可达 9.6 Gbit/s，一般称其为 Wi-Fi6。

根据 AP 和 AC 的管理 IP 是否在同一个 IP 子网，WLAN 可分为二层组网和三层组网两种组网方式，在大型网络中一般采用三层组网方式，同时要配置 DHCP 的 OPTION43 选项，以便让 AP 能够寻址到 AC。

根据用户流量是否要经过 CAPWAP 隧道，WLAN 可分为直通式组网和旁挂式组网两种组网方式，在大型网络上一般采用旁挂式组网方式，这能让网络的部署和管理更加灵活。

本项目中，没有对 AP 进行认证，可能会导致非法的 AP 接入网络，如果需要安全管理，可以根据 AP 的 MAC 地址、SN 序列号进行认证，也可以是二者组合的认证，如图 2.12.3 所示。

如果要根据 MAC 地址对该 AP 进行认证，配置命令如下：

```
[Ac-wlan-view]ap-id 0 ap-mac 00e0-fc5B-5DB0
```

相关协议和术语

(1)BSS：基本服务集(basic service set)，无线网络的基本服务单元，通常由一个 AP 和若干无线终端组成。

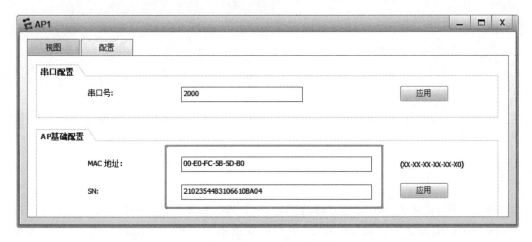

图 2.12.3 AP 认证方式

(2)SSID：为了区分不同的 BSS，要求每个 BSS 都有唯一的 BSSID（即 AP 的 MAC 地址），但 BSSID 对用户并不友好，一般会定义一个便于理解记忆的名称，这就是 SSID。SSID 和 BSSID 并不能画等号，不同的 BSS 可以设置相同的 SSID，如果将 BSSID 比作 BSS 的身份证号（唯一性），则 SSID 就是 BSS 的名字（可以重名），用户在终端上搜索到的 WLAN 名称就是 SSID。

(3)ESS：扩展服务集（extend service set）是由多个相同 SSID 组成的 BSS 集合，用于对终端通告一个连续的 WLAN，典型的如校园网 Wi-Fi 覆盖。

(4)CAPWAP：无线接入点的控制和配置协议（control and provisioning of wireless access points protocol specification）由 IETF（互联网工程任务组）标准化组织于 2009 年 3 月定义，其两个部分组成：CAPWAP 协议和无线 BINDING 协议。前者是一个通用的隧道协议，完成 AP 发现 AC 等基本协议功能，与具体的无线接入技术无关。后者是提供具体和某个无线接入技术相关的配置管理功能。

(5)VAP：虚拟接入点（virtual access point）是在一个物理实体 AP 上虚拟出多个 AP，每一个被虚拟出的 AP 就是一个 VAP，每个 VAP 提供和物理实体 AP 一样的功能。用户可以在一个 AP 上创建不同的 VAP 来为不同的用户群体提供无线接入服务。

# 项目十三
# HCIA 综合组网

在本篇末尾,设置了一个综合项目,展示了一个典型的高可靠性园区网的完整配置,包含了 HCIa-Datacom 的绝大多数知识点,这里不再细致地说明每一个配置步骤,只列出所有设备的配置清单,学习者可以有针对性地、有选择性地进行学习。

## 学习目标

1. 掌握大型园区网的设计、部署与配置。
2. 掌握 HCIA 各技术点的综合运用。

### 一、网络拓扑图

HCIA 综合组网如图 2.13.1 所示。

### 二、环境与设备要求

(1)PC1、PC3 属于 VLAN10,PC2、PC4 属于 VLAN20,4 台 PC 机均通过 DHCP 动态获取 IP 地址。

(2)在 SW3、SW4、R4、R5 上运行 MSTP,其中 instance10 映射 VLAN 10,instance20 映射 VLAN 20,R5 作为 instance10 的主根、instance20 的备根,R4 作为 instance10 的备根、instance20 的主根。

(3)在 R4 和 R5 中运行 VRRP,同时为 VLAN10 和 VLAN20 提供虚拟冗余网关服务,其中 VLAN10 的虚拟网关地址为 192.168.1.254,R5 作为 Master,R4 作为 Slave,VLAN20 的虚拟网关地址为 192.168.2.254,R4 作为 Master,R5 作为 Slave。

(4)公司总部运行 OSPF 路由,划分至区域 0;信息中心运行 OSPF 路由,划分至区域 1;车间设备由于性能不足,运行 RIP 路由。

(5)在 R1 上开启全局 DHCP 服务器,为 VLAN10 和 VLAN20 提供 IP 地址分配服务;在 R4 和 R5 上开启 DHCP 中继,并使用 DHCP 服务器组的方式向 R1 转发请求。

(6)在 R1 上开启 NAT,为内网用户提供 IP 地址转换服务;同时配置静态 NAT,使内网和外网用户均能够通过公网 IP 访问内网的 Web 服务器。

(7)在 R1 和运营商之间配置浮动路由,默认使用中国联通 100M 链路。

(8)全网能够互通。

### 三、配置清单

本项目作为 HCIA 综合组网案例,配置项目较多,也有很多种配置方案,此处提供一种最

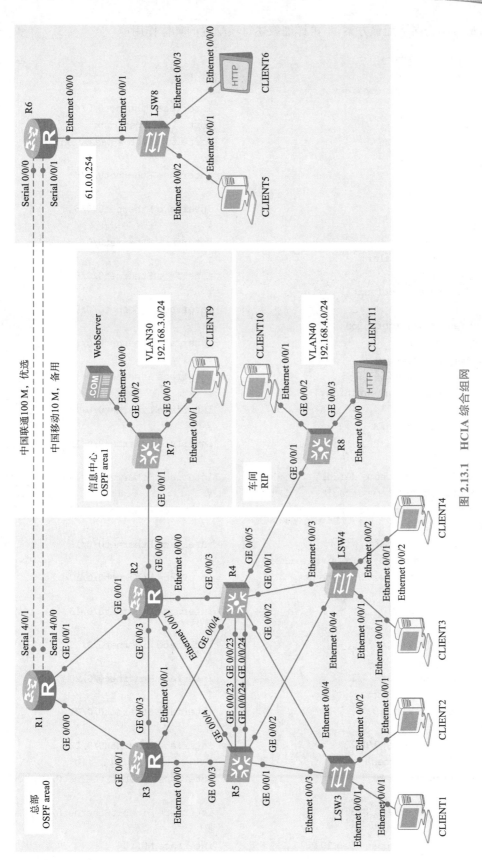

图 2.13.1  HCIA 综合组网

137

可靠、最常用的网络配置方案，不再详细叙述每项配置的具体作用。

## (一)SW3 配置文档

```
<SW3> dis current-configuration
#
sysname SW3
#
vlan batch 10 20
#
cluster enable
ntdp enable
ndp enable
#
drop illegal-mac alarm
#
diffserv domain default
#
stp region-configuration
region-name hw
instance 10 vlan 10
instance 20 vlan 20
active region-configuration
#
drop-profile default
#
aaa
authentication-scheme default
authorization-scheme default
accounting-scheme default
domain default
domain default_admin
local-user admin password simple admin
local-user admin service-type http
#
interface Vlanif1
#
interface MEth0/0/1
#
interface Ethernet0/0/1
port link-type access
port default vlan 10
#
interface Ethernet0/0/2
port link-type access
port default vlan 20
#
interface Ethernet0/0/3
port link-type trunk
port trunk allow-pass vlan 10 20
#
interface Ethernet0/0/4
port link-type trunk
port trunk allow-pass vlan 10 20
#
interface Ethernet0/0/5
#
interface Ethernet0/0/6
#
interface Ethernet0/0/7
#
interface Ethernet0/0/8
#
interface Ethernet0/0/9
#
interface Ethernet0/0/10
#
interface Ethernet0/0/11
#
interface Ethernet0/0/12
#
interface Ethernet0/0/13
#
interface Ethernet0/0/14
#
interface Ethernet0/0/15
#
interface Ethernet0/0/16
#
interface Ethernet0/0/17
#
interface Ethernet0/0/18
#
interface Ethernet0/0/19
#
interface Ethernet0/0/20
#
interface Ethernet0/0/21
#
interface Ethernet0/0/22
#
interface GigabitEthernet0/0/1
#
interface GigabitEthernet0/0/2
#
interface NULL0
```

```
#
user-interface con 0
user-interface vty 0 4
```

## (二)SW4 配置文档

```
<SW4> dis current-configuration
#
sysname SW4
#
vlan batch 10 20
#
cluster enable
ntdp enable
ndp enable
#
drop illegal-mac alarm
#
diffserv domain default
#
stp region-configuration
region-name hw
instance 10 vlan 10
instance 20 vlan 20
active region-configuration
#
drop-profile default
#
aaa
authentication-scheme default
authorization-scheme default
accounting-scheme default
domain default
domain default_admin
local-user admin password simple admin
local-user admin service-type http
#
interface Vlanif1
#
interface MEth0/0/1
#
interface Ethernet0/0/1
port link-type access
port default vlan 10
#
interface Ethernet0/0/2
port link-type access
port default vlan 20
#
interface Ethernet0/0/3
```

```
#
return



port link-type trunk
port trunk allow-pass vlan 10 20
#
interface Ethernet0/0/4
port link-type trunk
port trunk allow-pass vlan 10 20
#
interface Ethernet0/0/5
#
interface Ethernet0/0/6
#
interface Ethernet0/0/7
#
interface Ethernet0/0/8
#
interface Ethernet0/0/9
#
interface Ethernet0/0/10
#
interface Ethernet0/0/11
#
interface Ethernet0/0/12
#
interface Ethernet0/0/13
#
interface Ethernet0/0/14
#
interface Ethernet0/0/15
#
interface Ethernet0/0/16
#
interface Ethernet0/0/17
#
interface Ethernet0/0/18
#
interface Ethernet0/0/19
#
interface Ethernet0/0/20
#
interface Ethernet0/0/21
#
interface Ethernet0/0/22
#
interface GigabitEthernet0/0/1
```

```
#
interface GigabitEthernet0/0/2
#
interface NULL0
#
```

## (三)R5 配置文档

```
<R5> dis current-configuration
#
sysname R5
#
vlan batch 10 20 100 to 101
#
stp instance 10 root primary
stp instance 20 root secondary
#
cluster enable
ntdp enable
ndp enable
#
drop illegal-mac alarm
#
dhcp enable
#
diffserv domain default
#
stp region-configuration
region-name hw
instance 10 vlan 10
instance 20 vlan 20
active region-configuration
#
drop-profile default
#
dhcp server group dsp1
dhcp-server 10.0.13.1 0
dhcp-server 10.0.12.1 1
#
aaa
authentication-scheme default
authorization-scheme default
accounting-scheme default
domain default
domain default_admin
local-user admin password simple admin
local-user admin service-type http
#
interface Vlanif1
#
```

```
user-interface con 0
user-interface vty 0 4
#
return
```

```
interface Vlanif10
ip address 192.168.1.252 255.255.255.0
vrrp vrid 1 virtual-ip 192.168.1.254
vrrp vrid 1 priority 120
dhcp select relay
dhcp relay server-select dsp1
#
interface Vlanif20
ip address 192.168.2.252 255.255.255.0
vrrp vrid 2 virtual-ip 192.168.2.254
dhcp select relay
dhcp relay server-select dsp1
#
interface Vlanif100
ip address 10.0.35.5 255.255.255.0
#
interface Vlanif101
ip address 10.0.25.5 255.255.255.0
#
interface MEth0/0/1
#
interface Eth-Trunk0
port link-type trunk
port trunk allow-pass vlan 10 20
#
interface GigabitEthernet0/0/1
port link-type trunk
port trunk allow-pass vlan 10 20
#
interface GigabitEthernet0/0/2
port link-type trunk
port trunk allow-pass vlan 10 20
#
interface GigabitEthernet0/0/3
port link-type access
port default vlan 100
#
interface GigabitEthernet0/0/4
port link-type access
port default vlan 101
#
interface GigabitEthernet0/0/5
```

```
#
interface GigabitEthernet0/0/6
#
interface GigabitEthernet0/0/7
#
interface GigabitEthernet0/0/8
#
interface GigabitEthernet0/0/9
#
interface GigabitEthernet0/0/10
#
interface GigabitEthernet0/0/11
#
interface GigabitEthernet0/0/12
#
interface GigabitEthernet0/0/13
#
interface GigabitEthernet0/0/14
#
interface GigabitEthernet0/0/15
#
interface GigabitEthernet0/0/16
#
interface GigabitEthernet0/0/17
#
interface GigabitEthernet0/0/18
```

```
#
interface GigabitEthernet0/0/19
#
interface GigabitEthernet0/0/20
#
interface GigabitEthernet0/0/21
#
interface GigabitEthernet0/0/22
#
interface GigabitEthernet0/0/23
eth-trunk 0
#
interface GigabitEthernet0/0/24
eth-trunk 0
#
interface NULL0
#
ospf 1 router-id 5. 5. 5. 5
area 0. 0. 0. 0
   network 0. 0. 0. 0 255. 255. 255. 255
#
user-interface con 0
user-interface vty 0 4
#
return
```

## (四)R4 配置文档

```
<R4> dis current-configuration
#
sysname R4
#
vlan batch 10 20 100 to 102
#
stp instance 10 root secondary
stp instance 20 root primary
#
cluster enable
ntdp enable
ndp enable
#
drop illegal-mac alarm
#
dhcp enable
#
diffserv domain default
#
stp region-configuration
region-name hw
```

```
instance 10 vlan 10
instance 20 vlan 20
active region-configuration
#
drop-profile default
#
dhcp server group dsp1
dhcp-server 10. 0. 12. 1 0
dhcp-server 10. 0. 13. 1 1
#
aaa
authentication-scheme default
authorization-scheme default
accounting-scheme default
domain default
domain default_admin
local-user admin password simple admin
local-user admin service-type http
#
interface Vlanif1
#
```

**141**

```
interface Vlanif10
ip address 192. 168. 1. 253 255. 255. 255. 0
vrrp vrid 1 virtual-ip 192. 168. 1. 254
dhcp select relay
dhcp relay server-select dsp1
#
interface Vlanif20
ip address 192. 168. 2. 253 255. 255. 255. 0
vrrp vrid 2 virtual-ip 192. 168. 2. 254
vrrp vrid 2 priority 120
dhcp select relay
dhcp relay server-select dsp1
#
interface Vlanif100
ip address 10. 0. 24. 4 255. 255. 255. 0
#
interface Vlanif101
ip address 10. 0. 34. 4 255. 255. 255. 0
#
interface Vlanif102
ip address 10. 0. 48. 4 255. 255. 255. 0
#
interface MEth0/0/1
#
interface Eth-Trunk0
port link-type trunk
port trunk allow-pass vlan 10 20
#
interface GigabitEthernet0/0/1
port link-type trunk
port trunk allow-pass vlan 10 20
#
interface GigabitEthernet0/0/2
port link-type trunk
port trunk allow-pass vlan 10 20
#
interface GigabitEthernet0/0/3
port link-type access
port default vlan 100
#
interface GigabitEthernet0/0/4
port link-type access
port default vlan 101
#
interface GigabitEthernet0/0/5
port link-type access
port default vlan 102
#
interface GigabitEthernet0/0/6
#
interface GigabitEthernet0/0/7
#
interface GigabitEthernet0/0/8
#
interface GigabitEthernet0/0/9
#
interface GigabitEthernet0/0/10
#
interface GigabitEthernet0/0/11
#
interface GigabitEthernet0/0/12
#
interface GigabitEthernet0/0/13
#
interface GigabitEthernet0/0/14
#
interface GigabitEthernet0/0/15
#
interface GigabitEthernet0/0/16
#
interface GigabitEthernet0/0/17
#
interface GigabitEthernet0/0/18
#
interface GigabitEthernet0/0/19
#
interface GigabitEthernet0/0/20
#
interface GigabitEthernet0/0/21
#
interface GigabitEthernet0/0/22
#
interface GigabitEthernet0/0/23
eth-trunk 0
#
interface GigabitEthernet0/0/24
eth-trunk 0
#
interface NULL0
#
ospf 1
import-route rip 1
area 0. 0. 0. 0
  network 192. 168. 1. 0 0. 0. 0. 255
  network 192. 168. 2. 0 0. 0. 0. 255
  network 10. 0. 24. 4 0. 0. 0. 0
  network 10. 0. 34. 4 0. 0. 0. 0
#
```

```
rip 1
default-route originate
version 2
network 10. 0. 0. 0
import-route ospf 1
```

## (五)R3 配置文档

```
<R3> dis current-configuration
#
sysname R3
#
aaa
authentication-scheme default
authorization-scheme default
accounting-scheme default
domain default
domain default_admin
local-user admin password cipher (Gj"HpD|
\GbL^B&WSBiQo5T#
local-user admin service-type http
#
firewall zone Local
priority 16
#
interface Ethernet0/0/0
ip address 10. 0. 35. 3 255. 255. 255. 0
#
interface Ethernet0/0/1
ip address 10. 0. 34. 3 255. 255. 255. 0
#
interface Serial0/0/0
link-protocol ppp
#
interface Serial0/0/1
link-protocol ppp
#
interface Serial0/0/2
link-protocol ppp
```

```
#
user-interface con 0
user-interface vty 0 4
#
return
```

```
#
interface Serial0/0/3
link-protocol ppp
#
interface GigabitEthernet0/0/0
#
interface GigabitEthernet0/0/1
ip address 10. 0. 13. 3 255. 255. 255. 0
#
interface GigabitEthernet0/0/2
#
interface GigabitEthernet0/0/3
ip address 10. 0. 23. 3 255. 255. 255. 0
#
wlan
#
interface NULL0
#
interface LoopBack0
ip address 3. 3. 3. 3 255. 255. 255. 255
#
ospf 1 router-id 3. 3. 3. 3
area 0. 0. 0. 0
   network 0. 0. 0. 0 255. 255. 255. 255
#
user-interface con 0
user-interface vty 0 4
user-interface vty 16 20
#
return
```

## (六)R2 配置文档

```
<R2> dis current-configuration
#
sysname R2
#
aaa
authentication-scheme default
authorization-scheme default
accounting-scheme default
domain default
```

```
domain default_admin
local-user admin password cipher D(q. O7v'
g7ECB7Ie7'/)j5W#
local-user admin service-type http
#
firewall zone Local
priority 16
#
interface Ethernet0/0/0
```

ip address 10. 0. 24. 2 255. 255. 255. 0
#
interface Ethernet0/0/1
ip address 10. 0. 25. 2 255. 255. 255. 0
#
interface Serial0/0/0
link-protocol ppp
#
interface Serial0/0/1
link-protocol ppp
#
interface Serial0/0/2
link-protocol ppp
#
interface Serial0/0/3
link-protocol ppp
#
interface GigabitEthernet0/0/0
ip address 10. 0. 27. 2 255. 255. 255. 0
#
interface GigabitEthernet0/0/1
ip address 10. 0. 12. 2 255. 255. 255. 0
#
interface GigabitEthernet0/0/2
#

## (七)R1 配置文档

<R1> dis current-configuration
[V200R003C00]
#
sysname R1
#
board add 0/4 2SA
#
snmp-agent local-engineid 800007DB03000000000000
snmp-agent
#
clock timezone China-Standard-Time minus
08:00:00
#
portal local-server load flash:/portalpage. zip
#
drop illegal-mac alarm
#
wlan ac-global carrier id other ac id 0
#
set cpu-usage threshold 80 restore 75
#
dhcp enable

interface GigabitEthernet0/0/3
ip address 10. 0. 23. 2 255. 255. 255. 0
#
wlan
#
interface NULL0
#
interface LoopBack0
ip address 2. 2. 2. 2 255. 255. 255. 255
ospf enable 1 area 0. 0. 0. 0
#
ospf 1 router-id 2. 2. 2. 2
area 0. 0. 0. 0
  network 10. 0. 12. 2 0. 0. 0. 0
  network 10. 0. 23. 2 0. 0. 0. 0
  network 10. 0. 25. 2 0. 0. 0. 0
  network 10. 0. 24. 2 0. 0. 0. 0
area 0. 0. 0. 1
  network 10. 0. 27. 2 0. 0. 0. 0
#
user-interface con 0
user-interface vty 0 4
user-interface vty 16 20
#
return

#
acl number 2000
rule  5  permit  source  192. 168. 0. 0
0. 0. 255. 255
#
acl number 3000
rule  5  permit  ip  source  192. 168. 0. 0
0. 0. 255. 255 destination 60. 0. 0. 253 0
#
ip pool pool_vlan10
gateway-list 192. 168. 1. 254
network 192. 168. 1. 0 mask 255. 255. 255. 0
excluded-ip-address       192. 168. 1. 252
192. 168. 1. 253
dns-list 8. 8. 8. 8
#
ip pool pool_vlan20
gateway-list 192. 168. 2. 254
network 192. 168. 2. 0 mask 255. 255. 255. 0
excluded-ip-address       192. 168. 2. 252
192. 168. 2. 253
dns-list 8. 8. 8. 8

```
#
aaa
 authentication-scheme default
 authorization-scheme default
 accounting-scheme default
 domain default
 domain default_admin
 local-user admin password cipher % $ %
$ K8m. Nt84DZ}e# < 0`8bmE3Uw}% $ % $
 local-user admin service-type http
#
firewall zone Local
 priority 15
#
nat address-group 0 60. 0. 0. 1 60. 0. 0. 250
#
interface Serial4/0/0
 link-protocol ppp
 ip address 10. 0. 61. 1 255. 255. 255. 0
 nat server global 60. 0. 0. 253 inside
192. 168. 3. 100
 nat outbound 2000 address-group 0
#
interface Serial4/0/1
 link-protocol ppp
 ip address 10. 0. 16. 1 255. 255. 255. 0
 nat server global 60. 0. 0. 253 inside
192. 168. 3. 100
 nat outbound 2000 address-group 0
#
interface GigabitEthernet0/0/0
 ip address 10. 0. 13. 1 255. 255. 255. 0
 nat server global 60. 0. 0. 253 inside
192. 168. 3. 100
 nat outbound 3000
```

```
 dhcp select global
#
interface GigabitEthernet0/0/1
 ip address 10. 0. 12. 1 255. 255. 255. 0
 nat server global 60. 0. 0. 253 inside
192. 168. 3. 100
 nat outbound 3000
 dhcp select global
#
interface GigabitEthernet0/0/2
#
interface NULL0
#
interface LoopBack0
 ip address 1. 1. 1. 1 255. 255. 255. 255
#
ospf 1 router-id 1. 1. 1. 1
 default-route-advertise always
 area 0. 0. 0. 0
  network 1. 1. 1. 1 0. 0. 0. 0
  network 10. 0. 12. 1 0. 0. 0. 0
  network 10. 0. 13. 1 0. 0. 0. 0
#
ip route-static 0. 0. 0. 0 0. 0. 0. 0 10. 0. 16. 6
ip route-static 0. 0. 0. 0 0. 0. 0. 0 10. 0. 61. 6
preference 80
#
user-interface con 0
 authentication-mode password
 user-interface vty 0 4
 user-interface vty 16 20
#
wlan ac
#
return
```

## （八）R7 配置文档

```
<R7> dis current-configuration
#
sysname R7
#
vlan batch 30 100
#
cluster enable
ntdp enable
ndp enable
#
drop illegal-mac alarm
#
```

```
diffserv domain default
#
drop-profile default
#
aaa
 authentication-scheme default
 authorization-scheme default
 accounting-scheme default
 domain default
 domain default_admin
 local-user admin password simple admin
 local-user admin service-type http
```

```
#
interface Vlanif1
#
interface Vlanif30
ip address 192. 168. 3. 254 255. 255. 255. 0
#
interface Vlanif100
ip address 10. 0. 27. 7 255. 255. 255. 0
#
interface MEth0/0/1
#
interface GigabitEthernet0/0/1
port link-type access
port default vlan 100
#
interface GigabitEthernet0/0/2
port link-type access
port default vlan 30
#
interface GigabitEthernet0/0/3
port link-type access
port default vlan 30
#
interface GigabitEthernet0/0/4
#
interface GigabitEthernet0/0/5
#
interface GigabitEthernet0/0/6
#
interface GigabitEthernet0/0/7
#
interface GigabitEthernet0/0/8
#
interface GigabitEthernet0/0/9
#
interface GigabitEthernet0/0/10
#
interface GigabitEthernet0/0/11
```

## (九)R8 配置文档

```
<R8> dis current-configuration
#
sysname R8
#
vlan batch 40 100
#
cluster enable
ntdp enable
ndp enable
```

```
#
interface GigabitEthernet0/0/12
#
interface GigabitEthernet0/0/13
#
interface GigabitEthernet0/0/14
#
interface GigabitEthernet0/0/15
#
interface GigabitEthernet0/0/16
#
interface GigabitEthernet0/0/17
#
interface GigabitEthernet0/0/18
#
interface GigabitEthernet0/0/19
#
interface GigabitEthernet0/0/20
#
interface GigabitEthernet0/0/21
#
interface GigabitEthernet0/0/22
#
interface GigabitEthernet0/0/23
#
interface GigabitEthernet0/0/24
#
interface NULL0
#
ospf 1 router-id 7. 7. 7. 7
area 0. 0. 0. 1
  network 0. 0. 0. 0 255. 255. 255. 255
#
user-interface con 0
user-interface vty 0 4
#
return
```

```
#
drop illegal-mac alarm
#
diffserv domain default
#
drop-profile default
#
aaa
authentication-scheme default
```

authorization-scheme default
accounting-scheme default
domain default
domain default_admin
local-user admin password simple admin
local-user admin service-type http
#
interface Vlanif1
#
interface Vlanif40
ip address 192.168.4.254 255.255.255.0
#
interface Vlanif100
ip address 10.0.48.8 255.255.255.0
#
interface MEth0/0/1
#
interface GigabitEthernet0/0/1
port link-type access
port default vlan 100
#
interface GigabitEthernet0/0/2
port link-type access
port default vlan 40
#
interface GigabitEthernet0/0/3
port link-type access
port default vlan 40
#
interface GigabitEthernet0/0/4
#
interface GigabitEthernet0/0/5
#
interface GigabitEthernet0/0/6
#
interface GigabitEthernet0/0/7
#
interface GigabitEthernet0/0/8
#
interface GigabitEthernet0/0/9
#

## (十)R6 配置文档

<R6> dis current-configuration
#
sysname R6
#
dhcp enable
#

interface GigabitEthernet0/0/10
#
interface GigabitEthernet0/0/11
#
interface GigabitEthernet0/0/12
#
interface GigabitEthernet0/0/13
#
interface GigabitEthernet0/0/14
#
interface GigabitEthernet0/0/15
#
interface GigabitEthernet0/0/16
#
interface GigabitEthernet0/0/17
#
interface GigabitEthernet0/0/18
#
interface GigabitEthernet0/0/19
#
interface GigabitEthernet0/0/20
#
interface GigabitEthernet0/0/21
#
interface GigabitEthernet0/0/22
#
interface GigabitEthernet0/0/23
#
interface GigabitEthernet0/0/24
#
interface NULL0
#
rip 1
version 2
network 192.168.4.0
network 10.0.0.0
#
user-interface con 0
user-interface vty 0 4
#
return

aaa
authentication-scheme default
authorization-scheme default
accounting-scheme default
domain default
domain default_admin

**147**

```
local-user admin password cipher ] pmv =
Rk02~ 3IF$ ':[28575I#
local-user admin service-type http
#
firewall zone Local
priority 16
#
interface Ethernet0/0/0
ip address 61. 0. 0. 254 255. 255. 255. 0
dhcp select interface
dhcp server excluded-ip-address 61. 0. 0. 200
61. 0. 0. 253
#
interface Ethernet0/0/1
#
interface Serial0/0/0
link-protocol ppp
ip address 10. 0. 16. 6 255. 255. 255. 0
#
interface Serial0/0/1
link-protocol ppp
ip address 10. 0. 61. 6 255. 255. 255. 0
#
interface Serial0/0/2
link-protocol ppp
#
interface Serial0/0/3
link-protocol ppp
#
interface GigabitEthernet0/0/0
#
interface GigabitEthernet0/0/1
#
interface GigabitEthernet0/0/2
#
interface GigabitEthernet0/0/3
#
wlan
#
interface NULL0
#
interface LoopBack0
ip address 6. 6. 6. 6 255. 255. 255. 255
#
ip  route-static  60. 0. 0. 0  255. 255. 255. 0
10. 0. 16. 1
ip  route-static  60. 0. 0. 0  255. 255. 255. 0
10. 0. 61. 1 preference 80
#
user-interface con 0
user-interface vty 0 4
user-interface vty 16 20
#
return
```

# 第三篇

## 深 入 篇

# 项目一
# WLAN 三层组网

在大中型园区网络 Wi-Fi 覆盖(如校园网)方案设计中,一般都采用旁挂式三层组网,即将 AC 设备旁挂在核心网处,AP 则分布在网络边缘,提供移动终端设备的无线接入服务。与二层组网不同,在三层组网方式中,AP 无法通过广播直接找到 AC(不在同一个网段),也就无法正常建立 capwap 隧道,如何让 AP 主动发现 AC 呢?一般通过在 DHCP 地址池(针对 AP 配置的地址池)中配置 Option 选项来实现,即 DHCP 服务器在给 AP 分配 IP 地址时,一并将 AC 的地址告诉 AP,从而 AP 可以通过单播的方式发现 AC,建立 capwap 隧道。本项目介绍 WLAN 三层组网的工作原理和配置方法。

## 学习目标

1. 掌握 WLAN 三层组网的配置。
2. 掌握校园网级 Wi-Fi 覆盖的网络设计与部署。

## 一、网络拓扑图

WLAN 三层组网如图 3.1.1 所示。

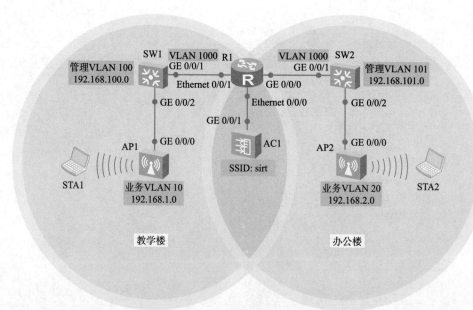

图 3.1.1　WLAN 三层组网

## 二、环境与设备要求

(1)按表 3.1.1 的清单准备好网络设备，并依图 3.1.1 搭建网络拓扑图。

表 3.1.1 设备清单

| 设 备 | 型 号 | 数 量 |
|---|---|---|
| 交换机 | S5700 | 2 |
| 路由器 | Router | 1 |
| AC | AC6005 | 1 |
| AP | AP2050 | 2 |
| 便携设备 | STA | 2 |

(2)为计算机和相关接口配置 IP 地址，准备的设备见表 3.1.2。

表 3.1.2 设备配置清单

| 设 备 | 连接端口 | IP 地址 | 子网掩码 | 网 关 |
|---|---|---|---|---|
| R1 Loopback 0 | — | 1.1.1.1 | 255.255.255.255 | — |
| R1 E0/0/0 | AC1 G0/0/1 | 10.0.14.1 | 255.255.255.0 | |
| R1 E0/0/1 | SW1 G0/0/1 | 10.0.12.1 | 255.255.255.0 | |
| R1 G0/0/0 | SW2 G0/0/1 | 10.0.13.1 | 255.255.255.0 | |
| SW1 G0/0/1 | R1 E0/0/1 | 10.0.12.2 | 255.255.255.0 | |
| SW1 G0/0/2 | AP1 G0/0/0 | — | — | |
| SW2 G0/0/1 | R1 G0/0/0 | 10.0.13.3 | 255.255.255.0 | |
| SW2 G0/0/2 | AP2 G0/0/0 | — | — | |
| AC1 G0/0/1 | R1 E0/0/1 | 10.0.14.4(VLANIF 100) | 255.255.255.0 | — |

(3)AP1 和 AP2 释放相同的 SSID：sirt。

(4)STA1 和 STA2 能够通过 Wi-Fi 接入邻近的 AP，并能够与 1.1.1.1 连通。

## 三、认知与配置过程

### (一)配置 R1 与 SW1、SW2、AC1 之间的连通性

#### 1. 配置 R1

```
[R1]interface Ethernet0/0/0
[R1-Ethernet0/0/0]ip address 10.0.14.1 255.255.255.0
[R1]interface Ethernet0/0/1
[R1-Ethernet0/0/1]ip address 10.0.12.1 255.255.255.0
[R1]interface GigabitEthernet0/0/0
[R1-GigabitEthernet0/0/1]ip address 10.0.13.1 255.255.255.0
[R1]interface LoopBack0
[R1-LoopBack0]ip address 1.1.1.1 255.255.255.255
[R1]ospf 1 router-id 1.1.1.1
[R1-ospf-1]area 0.0.0.0
[R1-ospf-1-area-0.0.0.0]network 0.0.0.0 255.255.255.255
```

## 2. 配置 AC1

[AC]vlan b 10 20 100
[AC]int g0/0/1
[AC-GigabitEthernet0/0/1]p l a
[AC-GigabitEthernet0/0/1]p d v 100
[AC-GigabitEthernet0/0/1]q
[AC]int vlanif 100
[AC-Vlanif100]ip addr 10. 0. 14. 4 24
[AC-Vlanif100]q
[AC]ospf 1 router-id4. 4. 4. 4
[AC-ospf-1]area 0
[AC-ospf-1-area-0. 0. 0. 0]net 0. 0. 0. 0 0. 0. 0. 0

## 3. 配置 SW1

[SW1]vlan b 10 100 1000
[SW1]int g0/0/1
[SW1-GigabitEthernet0/0/1]p l a
[SW1-GigabitEthernet0/0/1]p d v 1000
[SW1-GigabitEthernet0/0/1]q
[SW1]int g0/0/2
[SW1-GigabitEthernet0/0/2]port link-type trunk
[SW1-GigabitEthernet0/0/2]port trunk pvid vlan 100
[SW1-GigabitEthernet0/0/2]port trunk allow-pass vlan 10 100
[SW1]int vlanif 100
[SW1-Vlanif100]ip addr 192. 168. 100. 254 24
[SW1-Vlanif100]q
[SW1]int vlanif 10
[SW1-Vlanif10]ip addr 192. 168. 10. 254 24
[SW1-Vlanif10]q
[SW1]ospf 1 router-id 2. 2. 2. 2
[SW1-ospf-1]area 0
[SW1-ospf-1-area-0. 0. 0. 0]net 0. 0. 0. 0 0. 0. 0. 0

## 4. 配置 SW2

[SW2]vlan b 20 101 1000
[SW2]int g0/0/1
[SW2-GigabitEthernet0/0/1]p l a
[SW2-GigabitEthernet0/0/1]p d v 1000
[SW2-GigabitEthernet0/0/1]q
[SW2]int g0/0/2
[SW2-GigabitEthernet0/0/2]port link-type trunk
[SW2-GigabitEthernet0/0/2]port trunk pvid vlan 101
[SW2-GigabitEthernet0/0/2]port trunk allow-pass vlan 20 101
[SW2]int vlanif 101
[SW2-Vlanif101]ip addr 192. 168. 101. 254 24
[SW2-Vlanif101]q
[SW2]int vlanif 20
[SW2-Vlanif20]ip addr 192. 168. 20. 254 24
[SW2-Vlanif20]q
[SW2]ospf 1 router-id 3. 3. 3. 3

```
[SW2-ospf-1]area 0
[SW2-ospf-1-area-0.0.0.0]net 0.0.0.0 0.0.0.0
```

## (二)配置 SW1 和 SW2 的 DHCP 功能

### 1. 配置 SW1

```
[SW1]dhcp enable
[SW1]ip pool poolvlan10
[SW1-ip-pool-poolvlan10]gateway-list 192.168.1.254
[SW1-ip-pool-poolvlan10]network 192.168.1.0 mask 255.255.255.0
[SW1-ip-pool-poolvlan10]q
[SW1]int vlanif 100
[SW1-Vlanif100]dhcp select interface
[SW1-Vlanif100]dhcp server option 43 sub-option 3 ascii 10.0.14.4
[SW1-Vlanif100]q
[SW1]int vlanif 10
[SW1-Vlanif10]dhcp select global
```

### 2. 配置 SW2

```
[SW2]dhcp enable
[SW2]ip pool poolvlan20
[SW2-ip-pool-poolvlan20]gateway-list 192.168.2.254
[SW2-ip-pool-poolvlan20]network 192.168.2.0 mask 255.255.255.0
[SW2-ip-pool-poolvlan20]q
[SW2]int vlanif 101
[SW2-Vlanif101]dhcp select interface
[SW2-Vlanif101]dhcp server option 43 sub-option 3 ascii 10.0.14.4
[SW2-Vlanif101]q
[SW2]int vlanif 20
[SW2-Vlanif20]dhcp select global
```

## (三)配置 AC1 上的 WLAN 参数

### 1. 配置 CAPWAP

```
[AC]capwap source interface vlanif 100
```

### 2. 配置 VLAN POOL

```
[AC]vlan pool vp1
[AC6005-vlan-pool-vp1]vlan 10 20
```

### 3. 配置安全模板

```
[AC]wlan
[AC-wlan-view]security-profile name sec_sirt
[AC-wlan-sec-prof-sec_sirt]security wpa2 psk pass-phrase abc aes
```

### 4. 配置 SSID 模板

```
[AC-wlan-view]ssid-profile namessid_sirt
[AC-wlan-ssid-prof-ssid_sirt]ssid sirt
```

### 5. 配置 VAP 模板，并绑定安全模板、SSID 模板和服务 VLAN

```
[AC-wlan-view]vap-profile namesirt
```

```
[AC-wlan-vap-prof-sirt]security-profile sec_sirt
[AC-wlan-vap-prof-sirt]service-vlan vlan-pool vp1
[AC-wlan-vap-prof-sirt]ssid-profile ssid_sirt
```

### 6. 配置 AP 组,并绑定 VAP 模板

```
[AC-wlan-view]ap-group namesirts
[AC-wlan-ap-group-sirts]regulatory-domain-profile default
[AC-wlan-ap-group-sirts]vap-profile sirt WLAN 1 radio all
```

## (四)在 AC1 上注册 AP1 和 AP2

### 1. 修改 AP 授权模式为 no-auth,以便先列出可用的 AP 清单

```
[AC-wlan-view]ap auth-mode no-auth
[AC-wlan-view]dis ap all
```

### 2. 根据 MAC 地址,将 AP1 和 AP2 加入各自的 AP 组

```
[AC-wlan-view]ap-id 0
[AC-wlan-ap-0]ap-groupsirts
[AC-wlan-ap-0]q
[AC-wlan-view]ap-id 1
[AC-wlan-ap-1]ap-groupsirts
```

## 四、测试并验证结果

(1)STA1 可以接入无线网络 sirt,并能连通 1.1.1.1。
(2)STA2 可以接入无线网络 sirt,并能连通 1.1.1.1。

## 五、项目小结与知识拓展

在大型网络,如校园网 Wi-Fi 覆盖、酒店宾馆 Wi-Fi 覆盖的网络设计中,WLAN 一般采用三层组网方式,将 AC 旁挂在核心设备上,AP 则分布在不同的楼宇或房间中,他们很可能连接在不同的交换机下,通过 IP 路由寻址到 AC,在部署这样的 WLAN 网络时,需要注意两个问题:

(1)在 AP 的管理 VLAN 所对应的 DHCP 服务器中,要配置 OPTION 43 选项,以便让 AP 能够寻址到 AC,建立 capwap 隧道,命令"dhcp server option 43 sub-option 3 ascii 10.0.14.4"用于完成该功能。其中,10.0.14.4 即为 AC 的 capwap 源接口 IP。

(2)由于不同 AP 的业务 VLAN 可能需要分配不同的 IP 子网地址,但 SSID 却是要求相同的,因此在配置 VAP 模板时,需要绑定多个 service VLAN,即 VLAN-POOL,命令"service-vlan vlan-pool vp1"用于完成该功能,本例中"vp1"即是一个 VLAN-POOL,他绑定了 VLAN 10 和 VLAN 20,分别对应了教学楼和办公楼的两个无线业务 VLAN。

# 项目二
# IPv6 配置基础

IPv6 是 Internet 工程任务组(IETF)设计的一套规范,是 IPv4 的升级版本,最初的标准在 RFC2460 中定义(1998),后经多次补充和完善。IPv6 与 IPv4 的最显著区别是 IPv4 地址采用 32 bit 标识,而 IPv6 地址采用 128 bit 标识。目前 IPv6 正在全国范围内大力推广中,运营商层面上基本已经全面完成了升级(手机流量用户大多数已经采用了 IPv6 方式接入),掌握 IPv6 网络的配置和管理是当前形势下非常紧迫的任务。本项目介绍 IPv6 的基础知识和配置方法。

学习目标

1. 认识 IPv6 的地址组成与表示方法。
2. 掌握 IPv6 地址的 5 种配置方法。

## 一、网络拓扑图

IPv6 配置基础如图 3.2.1 所示。

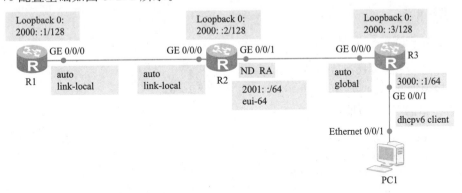

图 3.2.1　IPv6 配置基础

## 二、环境与设备要求

(1)按表 3.2.1 的清单准备好网络设备,并依图 3.2.1 搭建网络拓扑图。

表 3.2.1　设备清单

| 设　　备 | 型　　号 | 数　　量 |
| --- | --- | --- |
| 路由器 | AR3260 | 3 |
| 计算机 | PC | 1 |

（2）为计算机和相关接口配置 IP 地址，设备配置清单见表 3.2.2。

表 3.2.2　设备配置清单

| 设　　备 | 连接端口 | IP 地址 |
|---|---|---|
| R1 G0/0/0 | R2 G0/0/0 | Auto link-local |
| R2 G0/0/0 | R1 G0/0/0 | Auto link-local |
| R2 G0/0/1 | R3 G0/0/0 | 2001::/64 EUI-64 |
| R3 G0/0/0 | R2 G0/0/1 | Auto global |
| R3 G0/0/1 | PC1 | 3000::1/64 |
| PC1 | R3 E0/0/1 | DHCPv6client |
| R1 Loopback 0 | — | 2000::1/128 |
| R2 Loopback 0 | — | 2000::2/128 |
| R3 Loopback 0 | — | 2000::3/128 |

## 三、认知与配置过程

与 IPv4 不同，IPv6 的地址由于比较长、比较复杂，在地址配置方法上也提供了很多种方式，实践中可以灵活部署，本项目讲解 IPv6 地址的 5 种常见配置方法。

注意默认情况下，路由器并没有开启 IPv6 功能，需要在系统视图下使用下面的命令来开启，该命令在后续的配置步骤中会被省略掉。

所有关于 IPv6 的实验应该尽量使用 AR 系列路由器来做，Router 有很多功能不支持，比如邻居自动发现、OSPFv3 路由协议，等等。

[Huawei]ipv6

### （一）自动生成链路本地地址

[R1-GigabitEthernet0/0/0]ipv6 enable
[R1-GigabitEthernet0/0/0]ipv6 address auto link-local

查看接口的 IPv6 地址：

[R1]dis ipv6 interfaceg0/0/0
GigabitEthernet0/0/0 current state : UP
IPv6 protocol current state : UP
IPv6 is enabled,link-local address is FE80::5689:98FF:FE08:31A9
...

可以看到 R1 的 G0/0/0 口已经得到了一个 IPv6 的 link-local 地址，接口状态为：UP。

### （二）手工配置 IPv6 地址

[R1-LoopBack0]ipv6 enable
[R1-LoopBack0]ipv6 address 2000::1/128

查看接口的 IPv6 地址：

[R1]dis ipv6 int LoopBack 0
LoopBack0 current state : UP

```
Line protocol current state : UP（spoofing）
IPv6 is enabled, link-local address is FE80::1200:0
  Global unicast address(es):
    2000::1, subnet is 2000::1/128
...
```

可以看到 R1 的 Loopback 0 口已经得到了一个 IPv6 的全球单播地址，接口状态为：UP。

### （三）手工配置 EUI-64 规范的 IPV6 地址

```
[R2-GigabitEthernet0/0/1]ipv6 enable
[R2-GigabitEthernet0/0/1]ipv6 address 2001::/64 eui-64
```

查看 R2 各接口的 IPv6 地址（此处省略了其他接口的地址配置）：

```
[R2]dis ipv6 interface brief
* down: administratively down
! down: FIB overload down
(l):LoopBack
(s):Spoofing
Interface                 Physical            Protocol
GigabitEthernet0/0/0      Up                  Up
[IPv6 Address] FE80::5689:98FF:FE52:1B5
GigabitEthernet0/0/1      Up                  Up
[IPv6 Address] 2001::5689:98FF:FE52:1B6
LoopBack 0                Up                  Up(s)
[IPv6 Address] 2000::2
```

可以看到 R2 的 G0/0/1 口已经得到了一个 EUI-64 规范的 IPv6 全球单播地址，接口状态为：Up。

### （四）无状态自动获取全球单播地址（必须是 AR 路由器）

首先在 R2 上开启 IPv6 的邻居发现和路由器通告功能：

```
[R2-GigabitEthernet0/0/1]undo ipv6 nd ra halt   //nd 即邻居发现，ra 即路由通告，默认情况下，
                                                路由器是关闭邻居发现功能的，需要手动开启
```

然后在 R3 上配置自动获取全球单播地址：

```
[R3-GigabitEthernet0/0/0]ipv6 address auto global
```

查看 R3 各接口的 IPv6 地址（此处省略了其他接口的地址配置）：

```
[R3]dis ipv6 int brief
* down: administratively down
(l):LoopBack
(s):Spoofing
Interface                 Physical            Protocol
GigabitEthernet0/0/0      Up                  Up
[IPv6 Address] 2001::2E0:FCFF:FE8F:7007
GigabitEthernet0/0/1      Up                  Up
[IPv6 Address] 3000::1
LoopBack 0                Up                  Up(s)
```

[IPv6 Address] 2000::3

可以看到 R3 的 G0/0/0 口已经自动获取了一个 EUI-64 规范的 IPv6 全球单播地址,接口状态为:Up。

## (五)通过 DHCPv6 自动获取 IPv6 地址

在 R3 上开启 DHCPv6 服务,通过 G0/0/1 口为 PC 机分配 IPv6 地址。

```
[R3]dhcp enable
[R3]dhcpv6 pool p1
[R3-dhcpv6-pool-p1]address prefix 3000::/64
[R3-dhcpv6-pool-p1]excluded-address 3000::1
[R3-dhcpv6-pool-p1]q
[R3]int g0/0/1
[R3-GigabitEthernet0/0/1]dhcpv6 server p1
```

使能 PC 机的 DHCPv6 功能,如图 3.2.2 所示。

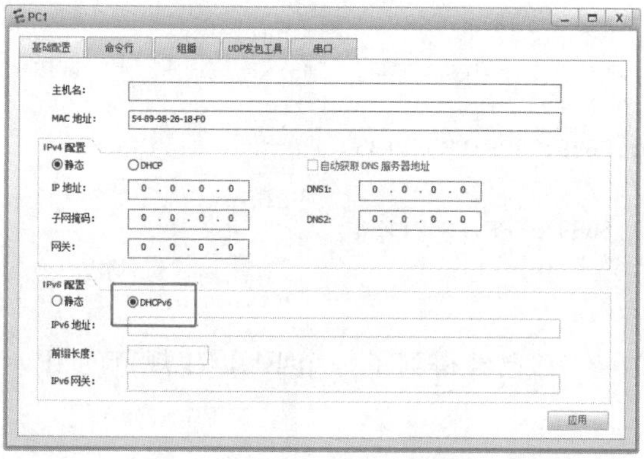

图 3.2.2　使能 PC 端的 DHCPv6 功能

查看 PC 机获取到的 IPv6 全球单播地址,如图 3.2.3 所示。

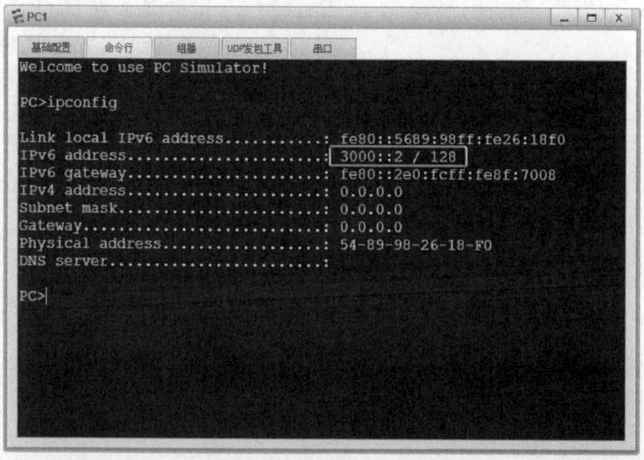

图 3.2.3　查看 PC 端获取到的 IPv6 地址

与 DHCP 不同,DHCPv6 并不提供子网掩码和默认网关(相应功能由路由器的 RA 功能提供),这会导致通过 DHCPv6 获得的 IPv6 地址,因为没有掩码长度,地址的掩码都是 128 bit 的。

## 四、测试并验证结果

本项目为 IPv6 的基础配置实验，主要验证一个接口是否获取到了有效的 IPv6 地址，常用的验证命令有：

```
<R1> dis ipv6 interface brief        //查看所有接口的 ipv6 地址
<R3> dis ipv6 interface g0/0/0       //查看特定接口的 ipv6 地址
```

## 五、项目小结与知识拓展

IPv4 地址采用 32 bit 标识，而 IPv6 地址采用 128 bit 标识。128 bit 的 IPv6 地址可以划分更多地址层级、拥有更广阔的地址分配空间，并支持地址自动配置。

IPv6 地址在表示方法上，由冒号分割成 8 段，每段 4 个 16 进制数，比如：2031:0000:130F:0000:0000:09C0:876A:130B，这样的地址仍然显得太长了，可以进行压缩表示，压缩的规则有两条：(1)每组中的前导"0"都可以省略；(2)地址中包含的连续两个或多个均为 0 的组，可以用双冒号"::"来代替，对于上面的例子，最终可以表示成这样：2031:0:130F::9C0:876A:130B。需要注意的是，在一个 IPv6 地址中只能使用一次双冒号"::"，否则当计算机将压缩后的地址恢复成 128 bit 时，无法确定每段中 0 的个数。

IPv6 地址被分为：单播地址、组播地址、任播地址。单播地址用于标识一个接口，发往该目的地址的报文会被送到被标识的接口；组播地址用于标识多个接口，发往该目的地址的报文会被送到被标识的所有接口；任播地址用于标识多个接口，发往该目的地址的报文会被送到被标识的所有接口中最近的一个接口上。实际上任播地址与单播地址使用同一个地址空间，也就是说，由路由器决定数据包是做任播转发还是做单播转发。一个典型的 IPv6 地址由两部分组成：网络前缀＋接口标识，多数情况下，二者各由 64 bit 组成。

对于 IPv6 单播地址来说，如果地址的前 3 bit 不是 000，则接口标识必须为 64 bit，如果地址的前 3 bit 是 000，则没有此限制。64 bit 的接口标识仍然太长了，难以管理，IEEE EUI-64 规范用于自动计算接口标识，计算方法是根据接口的 MAC 地址（48 bit）经过一系列换算得来，如图 3.2.4 所示。

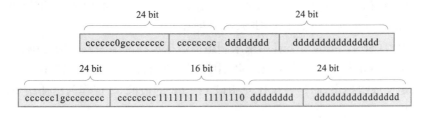

图 3.2.4　由 MAC 地址自动计算 EUI-64 地址

MAC 地址格式中"c"bit 表示厂商 ID，"d"bit 表示厂商编号 ID，"0"bit 代表全局/本地位，表示全球有效。"g"bit 表示其是单个主机还是某个组。具体的转换算法为：将上述的"0"转换为"1"，在"c"和"d"之间插入两个字节：FFFE，结果为 IPv6 接口 ID。

这种由 MAC 地址产生 IPv6 地址接口 ID 的方法可以减少配置的工作量，尤其是当采用无状态地址自动配置时，只需要获取一个 IPv6 前缀就可以与接口 ID 形成 IPv6 地址。使用这种方式最大的缺点就是某些恶意者可以通过二层 MAC 推算出三层 IPv6 地址。

　　链路本地地址(Link-local 地址)是 IPv6 中的应用范围受限制的地址类型,只能在连接到同一本地链路的节点之间使用。它使用了特定的本地链路前缀 FE80∷/10(最高 10 位值为1111111010),同时将 EUI-64 接口标识添加在后面作为地址的低 64 bit。

　　当一个节点启动 IPv6 协议栈时,节点的每个接口会自动配置一个链路本地地址(其固定的前缀＋EUI-64 规则形成的接口标识)。这种机制使得两个连接到同一链路的 IPv6 节点不需要做任何配置就可以通信。所以链路本地地址广泛应用于邻居发现,无状态地址配置等应用。

　　以链路本地地址为源地址或目的地址的 IPv6 报文不会被路由设备转发到其他链路。

　　全球单播地址是带有全球单播前缀的 IPv6 地址,其作用类似于 IPv4 中的公网地址。这种类型的地址允许路由前缀的聚合,从而限制了全球路由表项的数量。

　　全球单播地址由全球路由前缀(Global routing prefix)、子网 ID(Subnet ID)和接口标识(Interface ID)组成。

　　(1)Global routing prefix:全球路由前缀,由提供商(Provider)指定给一个组织机构,通常全球路由前缀至少为 48 bit。目前已经分配的全球路由前缀的前 3 bit 均为 001,由于采用 16进制的表示方法,从外观上看,这部分地址总是被表示为"2×××"或者"3×××"(如 2000∷1、2023∷1)。

　　(2)Subnet ID:子网 ID。组织机构可以用子网 ID 来构建本地网络(Site)。子网 ID 通常最多分配到第 64 bit。子网 ID 和 IPv4 中的子网号作用相似。

　　(3)Interface ID:接口标识,用来标识一个设备(Host),常见的是 EUI-64 规范的接口标识。

　　IPv6 组播地址与 IPv4 相同,用来标识一组接口,一般这些接口属于不同的节点。一个节点可能属于 0 到多个组播组。发往组播地址的报文被组播地址标识的所有接口接收。

　　一个 IPv6 组播地址由前缀、标志(Flag)字段、范围(Scope)字段及组播组 ID(Global ID)四个部分组成:

　　(1)前缀:IPv6 组播地址的前缀是 FF00∷/8(1111 1111)。

　　(2)标志字段(Flag):长度 4 bit,目前只使用了最后一个 bit(前 3 bit 必须置 0),当该 bit值为 0 时,表示当前的组播地址是由 IANA 所分配的一个永久分配地址;当该值为 1 时,表示当前的组播地址是一个临时组播地址(非永久分配地址)。

　　(3)范围字段(Scop):长度 4 bit,用来限制组播数据流在网络中发送的范围。

　　(4)组播组 ID(Global ID):长度 112 bit,用以标识组播组。目前,RFC2373 并没有将所有的 112 bit 都定义成组标识,而是建议仅使用该 112 bit 的最低 32 位作为组播组 ID,将剩余的80 位都置 0。

# 项目三
# 部署 OSPFv3

OSPFv3 是运行在 IPv6 网络的 OSPF 协议(IPv4 网络中为 OSPFv2),是 OSPFv2 的升级版本,保持了 OSPFv2 的基本收敛算法,但在细节处有所改动,与 OSPFv2 并不兼容。本项目讲解了 OSPFv3 协议的基本概念、配置要点和注意事项,同时一并将 DHCPv6(运行在 IPv6 网络的 DHCP 协议)的部署做了介绍。

### 学习目标

1. 了解 OSPFv2 与 OSPFv3 的区别。
2. 掌握 OSPFv3 路由协议的具体部署。

## 一、网络拓扑图

本项目是在前一个项目的基础上,以前期已有的网络配置为基础,讲解 OSPFv3 路由协议的具体部署,网络拓扑图和实验环境都与前一个项目完全相同(注意:OSPFv3 路由只能部署在 AR 路由器上,Router 不能运行 OSPFv3)。部署 OSPFv3 如图 3.3.1 所示。

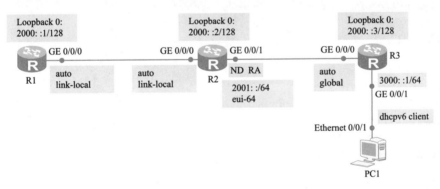

图 3.3.1　部署 OSPFv3

## 二、环境与设备要求

(1)按表 3.3.1 的清单准备好网络设备,并依图 3.3.1 搭建网络拓扑图。

表 3.3.1　设备清单

| 设　　备 | 型　　号 | 数　　量 |
| --- | --- | --- |
| 路由器 | AR3260 | 3 |
| 计算机 | PC | 1 |

（2）为计算机和相关接口配置 IP 地址，设备配置清单见表 3.3.2。

表 3.3.2　设备配置清单

| 设　　备 | 连接端口 | IP 地址 |
|---|---|---|
| R1 G0/0/0 | R2 G0/0/0 | Auto link-local |
| R2 G0/0/0 | R1 G0/0/0 | Auto link-local |
| R2 G0/0/1 | R3 G0/0/0 | 2001::/64 EUI-64 |
| R3 G0/0/0 | R2 G0/0/1 | Auto global |
| R3 G0/0/1 | PC1 | 3000::1/64 |
| PC1 | R3 E0/0/1 | DHCPv6 client |
| R1 Loopback 0 | — | 2000::1/128 |
| R2 Loopback 0 | — | 2000::2/128 |
| R3 Loopback 0 | — | 2000::3/128 |

（3）全网能够互通。

## 三、认知与配置过程

### （一）配置 R1

```
[R1]ospfv3 1
[R1-ospfv3-1]router-id 1.1.1.1
[R1-ospfv3-1]int g0/0/0
[R1-GigabitEthernet0/0/0]ospfv3 1 area 0
[R1-GigabitEthernet0/0/0]int loo0
[R1-LoopBack0]ospfv3 1 area 0
```

### （二）配置 R2

```
[R2]ospfv3 1
[R2-ospfv3-1]router-id 2.2.2.2
[R2-ospfv3-1]int loo0
[R2-LoopBack0]ospfv3 1 area 0
[R2-LoopBack0]int g0/0/0
[R2-GigabitEthernet0/0/0]ospfv3 1 area 0
[R2-GigabitEthernet0/0/0]int g0/0/1
[R2-GigabitEthernet0/0/1]ospfv3 1 area 0
```

### （三）配置 R3

```
[R3]ospfv3 1
[R3-ospfv3-1]router-id 3.3.3.3
[R3-ospfv3-1]int loo0
[R3-LoopBack0]ospfv3 1 area 0
[R3-LoopBack0]int g0/0/0
[R3-GigabitEthernet0/0/0]ospfv3 1 area 0
[R3-GigabitEthernet0/0/0]int g0/0/1
[R3-GigabitEthernet0/0/1]ospfv3 1 area 0
```

## 四、测试并验证结果

### (一)检查 OSPFv3 的邻居状态

```
[R2]dis ospfv3 peer
OSPFv3 Process (1)
OSPFv3 Area (0. 0. 0. 0)
Neighbor ID   Pri  State        Dead Time Interface      Instance ID
1. 1. 1. 1     1   Full/DR       00:00:35               GE0/0/0 0
3. 3. 3. 3     1   Full/Backup   00:00:38               GE0/0/1 0
```

可以看到 R2 和 R1、R3 均建立了邻接关系。

### (二)检查 OSPFv3 的路由表

```
[R1]dis ospfv3 routing

Codes : E2 - Type 2 External, E1 - Type 1 External, IA - Inter-Area,
        N - NSSA, U - Uninstalled

OSPFv3 Process (1)
    Destination                                         Metric
      Next-hop
    2000::1/128                                          0
      directly connected, LoopBack0
    2000::2/128                                          1
      via FE80::2E0:FCFF:FE78:2E9A, GigabitEthernet0/0/0
    2000::3/128                                          2
      via FE80::2E0:FCFF:FE78:2E9A, GigabitEthernet0/0/0
    2001::/64                                            2
      via FE80::2E0:FCFF:FE78:2E9A, GigabitEthernet0/0/0
    3000::/64                                            3
      via FE80::2E0:FCFF:FE78:2E9A, GigabitEthernet0/0/0
```

可以看到 R1 的 OSPFv3 路由表中已经包含了所有的目的网络。

### (三)测试 R1 和 R3 之间的连通性

```
<R1> ping ipv6 2001::3
  PING 2001::3 : 56  data bytes, press CTRL_C to break
    Reply from 2001::3
    bytes=56  Sequence=1  hop  limit=64  time =40 ms
    Reply from 2001::3
    bytes=56  Sequence=2  hop  limit=64  time =60 ms
    Reply from 2001::3
    bytes=56  Sequence=3  hop  limit=64  time =40 ms
    Reply from 2001::3
    bytes=56  Sequence=4  hop  limit=64  time =50 ms
    Reply from 2001::3
    bytes=56  Sequence=5  hop  limit=64  time =50 ms
  --- 2001::3 ping statistics ---
```

```
5 packet(s) transmitted
5 packet(s) received
0.00%  packet loss
round-trip min/avg/max =40/48/60 ms
```

可以看到 R1 和 R3 之间可以正常通信。

### (四)测试 PC1 和 R1 之间的连通性

```
PC> ping 2000::1
Ping 2000::1: 32 data bytes, Press Ctrl_C to break
From 2000::1: bytes=32  seq=1  hop  limit=62  time=32 ms
From 2000::1: bytes=32  seq=2  hop  limit=62  time=31 ms
From 2000::1: bytes=32  seq=3  hop  limit=62  time=31 ms
From 2000::1: bytes=32  seq=4  hop  limit=62  time=31 ms
From 2000::1: bytes=32  seq=5  hop  limit=62  time=32 ms
--- 2000::1 ping statistics ---
  5 packet(s) transmitted
  5 packet(s) received
  0.00%  packet loss
  round-trip min/avg/max =31/31/32 ms
```

可以看到 PC1 和 R1 之间可以正常通信。

## 五、项目小结与知识拓展

OSPFv3 是运行在 IPv6 网络的 OSPF 协议。运行 OSPFv3 的路由器使用物理接口的链路本地单播地址为源地址来发送 OSPF 报文。相同链路上的路由器互相学习与之相连的其他路由器的链路本地地址,并在报文转发的过程中将这些地址当成下一跳信息使用。IPv6 中使用组播地址 ff02::5 来表示 AllSPFRouters,而 OSPFv2 中使用的是组播地址 224.0.0.5。需要注意的是,OSPFv3 和 OSPFv2 版本互不兼容。

Router ID 在 OSPFv3 中也是用于标识路由器的。与 OSPFv2 的 Router ID 不同,OSPFv3 的 Router ID 必须手工配置,如果没有手工配置 Router ID,OSPFv3 将无法正常运行。OSPFv3 在广播型网络和 NBMA 网络中选举 DR 和 BDR 的过程与 OSPFv2 相似。IPv6 使用组播地址 FF02::6 表示 AllDRouters,而 OSPFv2 中使用的是组播地址 224.0.0.6。

OSPFv3 基于链路而非网段。在配置 OSPFv3 时,不需要考虑路由器的接口是否配置在同一网段,只要路由器的接口连接在同一链路上,就可以不配置 IPv6 全局地址而直接建立联系。

OSPFv3 直接使用 IPv6 的扩展头部(AH 和 ESP)来实现认证及安全处理,不再需要 OSPFv3 自身来完成认证。

DHCP 设备唯一标识符 DUID(DHCPv6 Unique Identifier)用来标识一台 DHCPv6 服务器或客户端。每个 DHCPv6 服务器或客户端有且只有一个 DUID。

DUID 采用以下两种方式生成:

(1)基于链路层地址(LL):即采用链路层地址方式来生成 DUID(默认方式)。

(2)基于链路层地址与时间组合(LLT):即采用链路层地址和时间组合方式来生成 DUID。

在 eNSP 模拟器中部署 DHCPv6 时请注意：AR 路由器的一个物理接口下只能部署单个 IPv6 地址池，比如：

[R1-GigabitEthernet0/0/0] dhcpv6 server p1

其中 p1 为 IPv6 地址池的名称，这意味着接口 G0/0/0 只能为一个网络提供地址分发服务，这在实践中往往是不够用的。

如果接口需要为多个网络提供地址分发服务，可以使用 AC 设备来代替 DHCP 服务器（用 AC 模拟路由器），AC 支持 IPv6 多地址池，命令如下：

[R1]dhcpv6 server preference 255

此时，接口视图下不需要做任何配置。

# 项目四
## 部署 IS-IS 路由

OSPF 路由协议一度被人们普遍认可为 IGP 路由协议的标准，它控制精细，扩展性好，支持丰富的网络类型，特别适合用于园区网络的内部路由，然而在大型扁平化的网络中（比如运营商网络），需求可能是更高的容量、更快的转发速度。为适应这种需求，人们又发明了 IS-IS 路由协议。IS-IS 路由协议非常类似于 OSPF，使用链路状态数据库，运行最短路径算法（SPF），但它支持更大的 LSDB，追求高效简单，适用于服务型网络。本项目介绍 IS-IS 路由协议的基本概念和配置方法。

### 学习目标

1. 了解 IS-IS 路由协议工作原理。
2. 掌握 IS-IS 路由协议的部署。

### 一、网络拓扑图

部署 IS-IS 路由如图 3.4.1 所示。

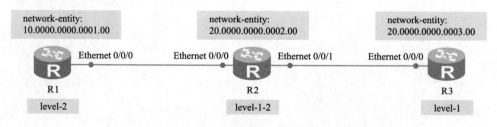

图 3.4.1　部署 IS-IS 路由

### 二、环境与设备要求

(1)按表 3.4.1 的清单准备好网络设备，并依图 3.4.1 搭建网络拓扑图。

表 3.4.1　设备清单

| 设　备 | 型　号 | 数　量 |
|---|---|---|
| 路由器 | Router | 3 |

(2)为计算机和相关接口配置 IP 地址，设备配置清单见表 3.4.2。

166

表 3.4.2 设备配置清单

| 设 备 | 连接端口 | IP 地址 |
|---|---|---|
| R1 E0/0/0 | R2 E0/0/0 | 10. 0. 12. 1/24 |
| R2 E0/0/0 | R1 E0/0/0 | 10. 0. 12. 2/24 |
| R2 E0/0/1 | R3 E0/0/0 | 10. 0. 23. 2/24 |
| R3 E0/0/0 | R2 E0/0/1 | 10. 0. 23. 3/24 |
| R1 Loopback 0 | — | 1. 1. 1. 1/32 |
| R2 Loopback 0 | — | 2. 2. 2. 2/32 |
| R3 Loopback 0 | — | 3. 3. 3. 3/32 |

(3)全网能够互通。

## 三、认知与配置过程

### (一)配置 R1

```
[R1]isis 1
[R1-isis-1]network-entity 10. 0000. 0000. 0001. 00
[R1-isis-1]is-level level-2
[R1-isis-1]is-name R1
[R1-isis-1]int loo0
[R1-LoopBack0]ip addr 1. 1. 1. 1 32
[R1-LoopBack0]isis enable
[R1-LoopBack0]int e0/0/0
[R1-Ethernet0/0/0]ip addr 10. 0. 12. 1 24
[R1-Ethernet0/0/0]isis enable
```

### (二)配置 R2

```
[R2]isis 1
[R2-isis-1]network-entity 20. 0000. 0000. 0002. 00
[R2-isis-1]is-level level-1-2
[R2-isis-1]is-name R2
[R2-isis-1]q
[R2]int LoopBack 0
[R2-LoopBack0]ip addr 2. 2. 2. 2 32
[R2-LoopBack0]isis enable
[R2-LoopBack0]int e0/0/0
[R2-Ethernet0/0/0]ip addr 10. 0. 12. 2 24
[R2-Ethernet0/0/0]isis enable
[R2-Ethernet0/0/0]int e0/0/1
[R2-Ethernet0/0/1]ip addr 10. 0. 23. 2 24
[R2-Ethernet0/0/1]isis enable
```

### (三)配置 R3

```
[R3]isis 1
[R3-isis-1]network-entity 20. 0000. 0000. 0003. 00
```

```
[R3-isis-1]is-level level-1
[R3-isis-1]is-name R3
[R3-isis-1]q
[R3]int LoopBack 0
[R3-LoopBack0]ip addr 3. 3. 3. 3 32
[R3-LoopBack0]isis enable
[R3-LoopBack0]int e0/0/0
[R3-Ethernet0/0/0]ip addr 10. 0. 23. 3 24
[R3-Ethernet0/0/0]isis enable
```

## 四、测试并验证结果

### (一)检查 IS-IS 的邻居状态

```
[R2]dis isis peer
                    Peer information for ISIS(1)
```

| System ID | Interface | Circuit ID | State | HoldTime | Type | PRI |
|-----------|-----------|------------|-------|----------|------|-----|
| R1 | Eth0/0/0 | R2. 01 | Up | 22 s | L2 | 64 |
| R3 | Eth0/0/1 | R2. 02 | Up | 26 s | L1 | 64 |

```
Total Peer(s): 2
```

可以看到 R2 和 R1、R3 间均建立了邻居关系。

### (二)检查 R1 的 IS-IS 的路由表

```
<R1> dis isis route
```

```
                    Route information for ISIS(1)
                    -----------------------------------


                    ISIS(1) Level-2 Forwarding Table
                    -----------------------------------
```

| IPv4 Destination | IntCost | ExtCost | ExitInterface | NextHop | Flags |
|------------------|---------|---------|---------------|---------|-------|
| 3. 3. 3. 3/32 | 20 | NULL | Eth0/0/0 | 10. 0. 12. 2 | A/-/-/- |
| 10. 0. 23. 0/24 | 20 | NULL | Eth0/0/0 | 10. 0. 12. 2 | A/-/-/- |
| 2. 2. 2. 2/32 | 10 | NULL | Eth0/0/0 | 10. 0. 12. 2 | A/-/-/- |
| 10. 0. 12. 0/24 | 10 | NULL | Eth0/0/0 | Direct | D/-/L/- |
| 1. 1. 1. 1/32 | 0 | NULL | Loo0 | Direct | D/-/L/- |

```
        Flags: D-Direct, A-Added to URT, L-Advertised in LSPs, S-IGP Shortcut,
                        U-Up/Down Bit Set
```

可以看到 R1 的 IS-IS 路由表中只有 Level-2 级别的转发表,并且包含了全网的明细路由。

### (三)检查 R2 的 IS-IS 的路由表

```
<R2> dis isis route
```

```
                    Route information for ISIS(1)
                    -------------------------------------------


                    ISIS(1) Level-1 Forwarding Table
                    ------------------------------------------


IPv4 Destination    IntCost    ExtCost   ExitInterface  NextHop      Flags
-----------------------------------------------------------------------------------
3.3.3.3/32          10         NULL      Eth0/0/1       10.0.23.3    A/-/L/-
10.0.23.0/24        10         NULL      Eth0/0/1       Direct       D/-/L/-
2.2.2.2/32          0          NULL      Loo0           Direct       D/-/L/-
10.0.12.0/24        10         NULL      Eth0/0/0       Direct       D/-/L/-
     Flags: D-Direct, A-Added to URT, L-Advertised in LSPs, S-IGP Shortcut,
                      U-Up/Down Bit Set

                    ISIS(1) Level-2 Forwarding Table
                    ------------------------------------------


IPV4 Destination    IntCost    ExtCost   ExitInterface  NextHop      Flags
-----------------------------------------------------------------------------------
10.0.23.0/24        0          NULL      Eth0/0/1       Direct       D/-/L/-
2.2.2.2/32          0          NULL      Loo0           Direct       D/-/L/-
10.0.12.0/24        10         NULL      Eth0/0/0       Direct       D/-/L/-
1.1.1.1/32          10         NULL      Eth0/0/0       10.0.12.1    A/-/-/-
     Flags: D-Direct, A-Added to URT, L-Advertised in LSPs, S-IGP Shortcut,
                      U-Up/Down Bit Set
```

可以看到 R2 的 IS-IS 路由表中包含了两套转发表,Level-1(对应区域 20)和 Level-2(对应区域 10),这是因为 R2 的 IS-IS 级别是 Level-1-2,其作用类似于 OSPF 路由协议中的 ABR。

### (四)检查 R3 的 IS-IS 的路由表

```
<R3> dis isis route
```

```
                    Route information for ISIS(1)
                    -------------------------------------------


                    ISIS(1) Level-1 Forwarding Table
                    ------------------------------------------


IPv4 Destination    IntCost    ExtCost   ExitInterface  NextHop      Flags
-----------------------------------------------------------------------------------
0.0.0.0/0           10         NULL      Eth0/0/0       10.0.23.2    A/-/-/-
3.3.3.3/32          0          NULL      Loo0           Direct       D/-/L/-
10.0.23.0/24        10         NULL      Eth0/0/0       Direct       D/-/L/-
2.2.2.2/32          10         NULL      Eth0/0/0       10.0.23.2    A/-/-/-
10.0.12.0/24        20         NULL      Eth0/0/0       10.0.23.2    A/-/-/-
     Flags: D-Direct, A-Added to URT, L-Advertised in LSPs, S-IGP Shortcut,
                      U-Up/Down Bit Set
```

可以看到 R3 的 IS-IS 路由表中只有 Level-1 级别的转发表,并且只包含了本区域(区域20)的路由信息,如果要通往区域外部,可以通过由 Level-1-2 路由器下发的默认路由(0.0.0.0/0)来进行。

### (五)测试 R1 和 R3 之间的连通性

```
<R1> ping -a 1.1.1.1 3.3.3.3
  PING 3.3.3.3: 56   data bytes, press CTRL_C to break
    Reply from 3.3.3.3: bytes=56  Sequence=1  ttl=254  time=110 ms
    Reply from 3.3.3.3: bytes=56  Sequence=2  ttl=254  time=50 ms
    Reply from 3.3.3.3: bytes=56  Sequence=3  ttl=254  time=60 ms
    Reply from 3.3.3.3: bytes=56  Sequence=4  ttl=254  time=30 ms
    Reply from 3.3.3.3: bytes=56  Sequence=5  ttl=254  time=60 ms

  --- 3.3.3.3 ping statistics ---
    5 packet(s) transmitted
    5 packet(s) received
    0.00%  packet loss
    round-trip min/avg/max =30/62/110 ms
```

可以看到 R1 和 R3 之间可以正常通信。

### (六)查看 R3 的 IS-IS LSDB

```
<R3> dis isis lsdb

            Database information for ISIS(1)
            ---------------------------------

            Level-1 Link State Database

LSPID          Seq Num      Checksum    Holdtime    Length    ATT/P/OL

R2.00-00       0x0000000a   0x8de9      521         104       1/0/0
R2.02-00       0x00000002   0xd3b2      521         55        0/0/0
R3.00-00*      0x00000007   0x2e15      689         88        0/0/0

Total LSP(s): 3
     * (In TLV)-Leaking Route, * (By LSPID)-Self LSP, + -Self LSP(Extended),
       ATT-Attached, P-Partition, OL-Overload
```

可以看到由 R2 下发的一条 LSP 中,ATT 位被置 1 了,通常情况下,Level-1-2 路由器会在 Level-1 区域中下发一条 ATT 位置 1 的 LSP,收到该 LSP 的路由器即会生成一条指向该路由器的默认路由。

IS-IS 路由协议中的 Level-1 区域,类似于 OSPF 中的 totally stub 区域。

### 五、项目小结与知识拓展

OSPF 的多路由类型(内部/外部)、多区域类型(骨干/普通/特殊)、开销规则优良(根据带宽设定)、网络类型多样(最多五种类型)的特点在园区网得到了极大发挥,园区网特点包括：

(1)应用型网络,主要面向企业网用户。

(2)路由器数量偏少,LSDB 库容量相对偏少。

(3)有出口路由的概念,对内外部路由划分敏感。

(4)地域性跨度不大,带宽充足,协议开销对带宽占用比少。

(5)路由策略和策略路由应用频繁多变、需要精细化的路由操作。

IS-IS 的快速算法(PRC 得到加强)、简便报文结构(TLV)、快速邻居关系建立、大容量路由传递(基于二层开销低)等一系列特点使其在骨干网中有着天然的优势,骨干网特点包括:

(1)服务型网络,由 ISP(互联网服务提供商)组建。

(2)路由调度占据绝对统治地位,路由器数量庞大。

(3)架构层面扁平化,要求 IGP 作为基础路由为上层 BGP 协议服务。

(4)LSDB 规模宏大,对链路收敛极度敏感,线路费用高昂。

(5)追求简单高效,扩展性高,满足各种客户业务需求(IPv6/IPX)。

ISIS 使用可变长度(8~20 Byte)的 Network Entity Title(NET)来标示每台路由器(类似于 OSPF 的 Router-id),由 3 部分组成:区域号(1~13 Byte)、系统 ID(6 Byte)、SEL(1 Byte,固定为 00)。

在配置 IS-IS 过程中,NET 最多能配 3 个,在配置多个 NET 时,必须保证它们的 System ID 都相同。

IS-IS 路由器有三种类型,分别是:

(1)Level-1 路由器:只能与属于同一区域的 Level-1 和 Level-1-2 路由器形成邻居关系,只负责维护 Level-1 的 LSDB。

(2)Level-2 路由器:可以与相同或不同区域的 Level-2 路由器或不同区域的 Level-1-2 路由器形成邻居关系,只负责维护 Level-2 的 LSDB。

(3)Level-1-2 路由器:同时属于 Level-1 和 Level-2 的路由器称为 Level-1-2 路由器。Level-1-2 路由器维护两个 LSDB,Level-1 的 LSDB 用于区域内路由,Level-2 的 LSDB 用于区域间路由。Level-1-2 路由器可以与同一区域的 Level-1 形成 Level-1 邻居关系,也可以与其他区域的 Level-2 和 Level-1-2 路由器形成 Level-2 的邻居关系。

IS-IS 支持大规模的路由网络,一般来说,将 Level-1 和 Level-1-2 路由器部署在边缘区域(同一个区域),Level-2 路由器部署在核心区域,每一个边缘区域都通过 Level-1-2 路由器与核心区域相连,所有的 Level-2 和 Level-1-2 路由器组成了全网的骨干路由器。实践中,运营商网络的所有路由器一般都配置成 Level-2 级别。

IS-IS 可以很容易地在 IPv6 环境下部署,只需在 IS-IS 进程视图和接口视图下使能 IPv6 即可,命令如下:

```
[R3-isis-1]ipv6 enable
[R3-Ethernet0/0/0]isis ipv6 enable
```

# 项目五
# 部署 BGP 路由

前述所有路由协议均为 IGP 协议(内部网关路由协议),IGP 协议的特点是完全可以依据理论上最优的路径来计算路由,管理员还可以实施精细的路由控制,但 BGP(外部网关路由协议)协议完全不同,他经常受到政治的、安全的、人为的因素影响,并不能够完全按照理论计算的最优路径进行数据转发。可以这么理解,BGP 基本上是按照用户的意愿被动的搬运路由表而已,本质上不产生、不发现、不计算路由,他只是路由的"搬运工"而已。本项目介绍 BGP 协议的基本概念和配置方法。

### 学习目标

1. 了解 BGP 路由协议工作原理。
2. 掌握 BGP 路由协议的部署。

## 一、网络拓扑图

部署 BGP 路由如图 3.5.1 所示。

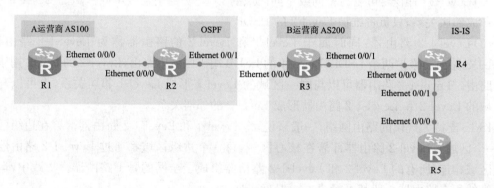

图 3.5.1  部署 BGP 路由

## 二、环境与设备要求

(1)按表 3.5.1 的清单准备好网络设备,并依图 3.5.1 搭建网络拓扑图。

表 3.5.1  设备清单

| 设　备 | 型　号 | 数　量 |
| --- | --- | --- |
| 路由器 | Router | 5 |

（2）为计算机和相关接口配置 IP 地址，设备配置清单见表 3.5.2。

表 3.5.2 设备配置清单

| 设 备 | 连接端口 | IP 地址 |
|---|---|---|
| R1 E0/0/0 | R2 E0/0/0 | 10.0.12.1/24 |
| R2 E0/0/0 | R1 E0/0/0 | 10.0.12.2/24 |
| R2 E0/0/1 | R3 E0/0/0 | 10.0.23.2/24 |
| R3 E0/0/0 | R2 E0/0/1 | 10.0.23.3/24 |
| R3 E0/0/1 | R4 E0/0/0 | 10.0.34.3/24 |
| R4 E0/0/0 | R3 E0/0/1 | 10.0.34.4/24 |
| R4 E0/0/1 | R5 E0/0/0 | 10.0.45.4/24 |
| R5 E0/0/0 | R4 E0/0/1 | 10.0.45.5/24 |
| R1 Loopback 0 | — | 1.1.1.1/32 |
| R2 Loopback 0 | — | 2.2.2.2/32 |
| R3 Loopback 0 | — | 3.3.3.3/32 |
| R4 Loopback 0 | — | 4.4.4.4/32 |
| R5 Loopback 0 | — | 5.5.5.5/32 |

（3）全网能够互通。

## 三、认知与配置过程

首先配置 AS100 和 AS200 的 IGP 路由，分别部署 OSPF（全网宣告）和 IS-IS（全网 Level-2 宣告）路由协议，确保各自的 IGP 路由正常。

此时 AS100 和 AS200 之间仍然不能够互通，边界网关协议（border gateway protocol，BGP）专门用于解决不同 AS 之间的互联互通问题。

需要注意的是，与 IGP 协议不同，BGP 本质上是"搬运"路由，而不是发现或计算路由，或者说，BGP 只是将某个 AS 的 IGP 路由表中已经存在的路由"搬运"到另一个 AS 中去，仅此而已。

下面的配置将通过 BGP 协议，分别将 AS100 和 AS200 中的 IGP 路由"搬运"到对方的 BGP 路由表中去。

### （一）配置 BGP 对等体

**1. 配置 R1 的 BGP 对等体**

[R1]bgp 100
[R1-bgp]peer 2.2.2.2 as-number 100 //IBGP 对等体
[R1-bgp]peer 2.2.2.2 connect-interface LoopBack 0

**2. 配置 R2 的 BGP 对等体**

[R2]bgp 100
[R2-bgp]peer 1.1.1.1 as-number 100
[R2-bgp]peer 1.1.1.1 connect-interface LoopBack 0

[R2-bgp]peer 10. 0. 23. 3 as-number 200　//EBGP 对等体

### 3. 配置 R3 的 BGP 对等体

[R3]bgp 200
[R3-bgp]peer 4. 4. 4. 4 as-number 200
[R3-bgp]peer 4. 4. 4. 4 connect-interface LoopBack 0
[R3-bgp]peer 10. 0. 23. 2 as-number 100

### 4. 配置 R4 的 BGP 对等体

[R4]bgp 200
[R4-bgp]peer 3. 3. 3. 3 as-number 200
[R4-bgp]peer 3. 3. 3. 3 connect-interface LoopBack 0
[R4-bgp]peer 5. 5. 5. 5 as-number 200
[R4-bgp]peer 5. 5. 5. 5 connect-interface LoopBack

### 5. 配置 R5 的 BGP 对等体

[R5]bgp 200
[R5-bgp]peer 4. 4. 4. 4 as-number 200
[R5-bgp]peer 4. 4. 4. 4 connect-interface LoopBack 0

### 6. 验证 BGP 对等体

[R2]dis bgp peer
BGP local router ID : 2. 2. 2. 2
Local AS number : 100
Total number of peers : 2　Peers in established state : 2

| Peer | V | AS | MsgRcvd | MsgSent | OutQ | Up/Down | State PrefRcv |
|------|---|-----|---------|---------|------|---------|---------------|
| 1. 1. 1. 1 | 4 | 100 | 9 | 9 | 0 00:07:29 | Established | 0 |
| 10. 0. 23. 3 | 4 | 200 | 6 | 7 | 0 00:04:41 | Established | 0 |

可以看到 R2 的两个 BGP 对等体状态都为：Established，状态正常，同理验证一下其他路由器的 BGP 对等体，确保所有对等体都状态正常。

### (二)将 AS100 中的 IGP 路由 "搬运" 至 AS200

#### 1. 使用 network 命令宣告 BGP 路由

[R2-bgp]network 1. 1. 1. 1 32
[R2-bgp]network 2. 2. 2. 2 32

#### 2. 分别在 R3、R4、R5 上查看 BGP 路由表

&lt;R3&gt; dis bgp routing-table
BGP Local router ID is 3. 3. 3. 3
Status codes: * - valid, > - best, d - damped,
　　　　　　　h - history, i - internal, s - suppressed, S - Stale
　　　　　　　Origin : i - IGP, e - EGP, ? - incomplete

Total Number of Routes: 2

| | Network | NextHop | MED | LocPrf | PrefVal | Path/Ogn |
|---|---------|---------|-----|--------|---------|----------|
| * > | 1. 1. 1. 1/32 | 10. 0. 23. 2 | 1 | | 0 | 100i |
| * > | 2. 2. 2. 2/32 | 10. 0. 23. 2 | 0 | | 0 | 100i |

在 R3 和 R4 上都可以看到上述两条 BGP 路由（最后的"i"表示当前的 BGP 路由的起源属性为 IGP，即他们都是通过 network 命令宣告的），他们都是合法的（标记为" * "），也是最优的（标记为"＞"），因此是有效的 BGP 路由。

但是在 R5 上却看不到任何 BGP 路由条目，说明 R4 并没有将自己的 BGP 路由通告给 R5。根据 BGP 通告原则，IBGP 的路由条目不会被通告给 IBGP 的邻居（这两条路由表项属于 IBGP，而 R5 又属于 R4 的 IBGP 邻居），这是为了防止 BGP 的路由环路，解决这一问题呢，可以在 R4 上配置 BGP 反射器，同时将 R5 配置为 R4 的反射器客户机。

```
[R4-bgp]peer 5.5.5.5 reflect-client
```

稍等片刻后，即可在 R5 上看到上述两条 BGP 路由条目。

### (三)将 AS200 中的 IGP 路由搬运至 AS100

#### 1. 使用 import 命令宣告 BGP 路由

```
[R3-bgp]import-route isis 1
```

#### 2. 分别在 R1、R2 上查看 BGP 路由表

```
<R1> dis bgp routing-table
BGP Local router ID is 1.1.1.1
Status codes: * - valid, > - best, d - damped,
              h - history,  i - internal, s - suppressed, S - Stale
              Origin : i - IGP, e - EGP, ? - incomplete


Total Number of Routes: 7
      Network          NextHop       MED      LocPrf    PrefVal   Path/Ogn

* > i  1.1.1.1/32      2.2.2.2       1        100       0         i
    i  2.2.2.2/32      2.2.2.2       0        100       0         i
* > i  3.3.3.3/32      10.0.23.3     0        100       0         200?
* > i  4.4.4.4/32      10.0.23.3     10       100       0         200?
* > i  5.5.5.5/32      10.0.23.3     20       100       0         200?
* > i  10.0.34.0/24    10.0.23.3     0        100       0         200?
* > i  10.0.45.0/24    10.0.23.3     20       100       0         200?
```

可以看到 R1 中已经有了 AS200 全网的明细路由。

请注意列表中粗体的 BGP 路由条目，并不是一条合法的 BGP 路由条目，原因是该 BGP 路由的前缀和下一跳地址是相同的（都是 2.2.2.2），BGP 协议规定：BGP 前缀和下一跳地址相同的路由是无效的。

### 四、测试并验证结果

#### 测试 R1 和 R5 之间的连通性

```
<R1> ping -a 1.1.1.1 5.5.5.5
  PING 5.5.5.5: 56   data bytes, press CTRL_C to break
    Reply from 5.5.5.5: bytes=56  Sequence=1  ttl=252  time=170 ms
    Reply from 5.5.5.5: bytes=56  Sequence=2  ttl=252  time=80 ms
    Reply from 5.5.5.5: bytes=56  Sequence=3  ttl=252  time=100 ms
    Reply from 5.5.5.5: bytes=56  Sequence=4  ttl=252  time=90 ms
```

```
    Reply from 5.5.5.5: bytes=56   Sequence=5   ttl=252   time=110 ms

 --- 5.5.5.5 ping statistics ---
   5 packet(s) transmitted
   5 packet(s) received
   0.00%  packet loss
   round-trip min/avg/max =80/110/170 ms
```

可以看到 R1 和 R5 之间可以正常通信。

请注意,如果 R1 直接 ping R5,结果是不通的,显示如下:

```
<R1> ping 5.5.5.5
  PING 5.5.5.5: 56   data bytes, press CTRL_C to break
    Request time out
    Request time out
    Request time out
    Request time out
    Request time out

 --- 5.5.5.5 ping statistics ---
   5 packet(s) transmitted
   0 packet(s) received
   100.00%  packet loss
```

这是因为默认情况下,路由器会以出接口的 IP 地址作为 ping 包的源地址,然而 10.0.12.0 网段我们并没有通过 BGP 搬运至 AS200,这会导致回程的 ping 包目的地不可达。

## 五、项目小结与知识拓展

BGP 协议被设计运行在 AS 之间传递路由,AS 之间是广域网链路,数据包在广域网上传递可能出现不可预测的链路拥塞或丢失等情况,因此 BGP 使用 TCP 作为其承载协议来保证可靠性。BGP 使用 TCP 封装建立邻居关系,端口号为 179,TCP 采用单播建立连接,因此 BGP 协议并不像 RIP 和 OSPF 一样使用组播发现邻居,单播建立连接也使 BGP 只能手动指定邻居。

BGP 邻居关系的类型主要靠配置的 AS 号区别,peer 关键字后面是对端邻居的接口 IP 地址,as-number 后面是邻居路由器所在的 AS 号,AS 号相同则为 IBGP 邻居关系;AS 号不同,则为 EBGP 邻居关系。

peer 关键字后面的地址可以是对端邻居直连接口的 IP 地址,也可以是非直连 Loopback 接口的 IP 地址(但必须保证该 IP 地址路由可达),甚至也可以不是直连的路由器。

建立 IBGP 邻居关系时,一般使用 Loopback 接口的 IP 地址,因为 Loopback 接口开启后一直处于 Up 状态,只要保证路由可达,邻居关系一直处于稳定状态。建立 EBGP 邻居关系时,一般使用直连接口的 IP 地址,因为 EBGP 是跨 AS 建立邻居关系,邻居关系建立之前非直连接口之间的路由不可达。

宣告 BGP 路由的方式有两种:第一种是使用配置命令 network,第二种是使用配置命令 import。其中,network 命令用于将 IP 路由表中已经存在的路由逐条引入 BGP 路由表中;import 命令是根据运行的 IGP 路由协议(如 RIP、OSPF 等),将路由引入到 BGP 路由表中去,同时也可以引入直连和静态路由。

大多数情况下,通过 import 引入的路由需要配合路由策略来使用,以防止引入不必要的路由。

通过 network 宣告的 BGP 路由可以利用 aggregate 命令进行聚合(手工聚合),比如:

```
[R1-bgp]aggregate 1.1.1.0 24 detail-suppressed
```

参数 detail-suppressed 表示抑制明细路由的发布(即聚合后,在 BGP 路由表中将只包含聚合后的路由,不再包含明细路由)

通过 import 宣告的 BGP 路由可以利用 summary automatic 命令进行聚合(自动聚合),比如:

```
[R1-bgp]summary automatic
```

**注意:**该命令只能进行大类聚合(即严格按 A、B、C 类 IP 地址进行聚合)。

各种 BGP 路由的优先级如下:

aggregate >  summary automatic >  network(i) >  import(?)

BGP 向邻居通告路由时,遵循以下四条原则:

(1)BGP 路由器只将自己最优的路由发布给邻居。

(2)通过 EBGP 获得的路由会发布给所有的 BGP 邻居(包括 EBGP 邻居和 IBGP 邻居)。

(3)通过 IBGP 邻居获得的路由不会发布给其他的 IBGP 邻居。

(4)从 IBGP 邻居学来的路由在发布给一个 BGP 邻居之前,通过 IGP 必须知道该路由,即 BGP 与 IGP 同步。在路由器上,默认是将 BGP 与 IGP 的同步检查关闭的,原因是为了实现 IBGP 路由的正常通告,但关闭了 BGP 与 IGP 的同步检查后会出现"路由黑洞"的问题,必须通过其他手段解决(比如 IBGP 全互联)。

在本例中,BGP 反射器只有一个客户机,如果有多个客户机,也可以成组配置,比如:

```
[R5-bgp]group rr1 internal
[R5-bgp]peer 6.6.6.6 group rr1
[R5-bgp]peer 7.7.7.7 group rr1
[R5-bgp]peer rr1 reflect-client
```

该命令表示反射器 R5 有两个客户机:R6、R7。

BGP 反射器相关概念及工作原理如下:

(1)路由反射器 RR(Route Reflector):允许把从 IBGP 对等体学到的路由反射到其他 IBGP 对等体的 BGP 设备。

(2)客户机(Client):与 RR 形成反射邻居关系的 IBGP 设备。在 AS 内部客户机需要与 RR 直连。

(3)非客户机(Non-Client):既不是 RR,也不是客户机的 IBGP 设备。在 AS 内部非客户机与 RR 之间,以及所有的非客户机之间仍然必须建立全连接关系。

(4)始发者(Originator):在 AS 内部始发路由的设备。Originator_ID 属性用于防止集群内产生路由环路。

(5)集群(Cluster):路由反射器及其客户机的集合。Cluster_List 属性用于防止集群间产生路由环路。

(6)同一集群内的客户机只需要与该集群的 RR 直接交换路由信息,因此客户机只需要与 RR 之间建立 IBGP 连接,不需要与其他客户机建立 IBGP 连接,从而减少了 IBGP 连接数量。

(7)RR 突破了"从 IBGP 对等体获得的 BGP 路由,BGP 设备只发布给它的 EBGP 对等体"的限制,并采用独有的 Cluster_List 属性和 Originator_ID 属性防止路由环路。

(8)RR 向 IBGP 邻居发布路由规则如下:

①从非客户机学到的路由,发布给所有客户机。

②从客户机学到的路由,发布给所有非客户机和客户机(发起此路由的客户机除外)。

③从 EBGP 对等体学到的路由,发布给所有的非客户机和客户机。

BGP 可以很容易地在 IPv6 环境下部署(一般称为 BGP4+),只需在 BGP 进程视图下使能 IPv6 对等体即可,相关命令如下:

```
#
bgp100
router-id 1.1.1.1   //BGP4+环境下必须手工指定 BGP router-id
peer 2000::2 as-number100
peer 2000::2 connect-interface loopback0
# ipv6-family unicast
  network 2000::1 128
  peer 2000::2 enable
  peer 2000::2 next-hop-local
```

# 项目六
# BGP 引用路由策略

路由策略是指通过某种手段,有针对性地修改 IP 路由表,从而实现特定的选路目的方法,最常用的工具是 Route-Policy。Route-Policy 可以在 IGP 或 BGP 路由协议中使用,一般通过配合 IP-Prefix(IP 前缀)来实现,其原理是先利用 IP-Prefix 来匹配目的网络,然后对相应的路由表项做特定的修改(允许或拒绝通过、修改优先级、更改 BGP 路由属性等)。本项目介绍如何在 BGP 中配置路由策略,同时详细介绍了 IP-Prefix 和 Route-Policy 的使用方法。

## 学习目标

1. 了解路由策略的工作原理。
2. 掌握 BGP 环境下路由策略的部署。

## 一、网络拓扑图

本项目在前一个项目的基础上,以前期已有的网络配置为基础,讲解 BGP 环境下路由策略的具体部署,网络拓扑图和实验环境都与前一个项目完全相同。部署 BGP 路由如图 3.6.1 所示。

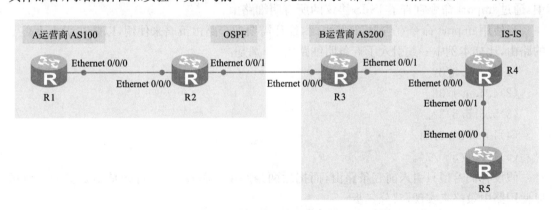

图 3.6.1　部署 BGP 路由

## 二、环境与设备要求

(1)按表 3.6.1 的清单准备好网络设备,并依图 3.6.1 搭建网络拓扑图。

表 3.6.1　设备清单

| 设　　备 | 型　　号 | 数　　量 |
|---|---|---|
| 路由器 | Router | 5 |

（2）为计算机和相关接口配置 IP 地址，设备配置清单见表 3.6.2。

表 3.6.2　设备配置清单

| 设　　备 | 连接端口 | IP 地址 |
|---|---|---|
| R1 E0/0/0 | R2 E0/0/0 | 10.0.12.1/24 |
| R2 E0/0/0 | R1 E0/0/0 | 10.0.12.2/24 |
| R2 E0/0/1 | R3 E0/0/0 | 10.0.23.2/24 |
| R3 E0/0/0 | R2 E0/0/1 | 10.0.23.3/24 |
| R3 E0/0/1 | R4 E0/0/0 | 10.0.34.3/24 |
| R4 E0/0/0 | R3 E0/0/1 | 10.0.34.4/24 |
| R4 E0/0/1 | R5 E0/0/0 | 10.0.45.4/24 |
| R5 E0/0/0 | R4 E0/0/1 | 10.0.45.5/24 |
| R1 Loopback 0 | — | 1.1.1.1/32 |
| R2 Loopback 0 | — | 2.2.2.2/32 |
| R3 Loopback 0 | — | 3.3.3.3/32 |
| R4 Loopback 0 | — | 4.4.4.4/32 |
| R5 Loopback 0 | — | 5.5.5.5/32 |

（3）全网能够互通。

## 三、认知与配置过程

在前一个项目中，我们通过 BGP 协议分别将 AS100 和 AS200 中的 IGP 路由做了互相引入，其中 AS100 中，通过 network 命令宣告了两条明细路由（1.1.1.1 和 2.2.2.2）；AS200 中，通过 import 命令宣告了 IS-IS 协议的所有明细路由。

当使用 import 命令宣告 BGP 路由时，往往需要配合路由策略来使用，以防止引入不必要的路由，比如本例中一共引入了五条明细路由，分别是：

（1）3.3.3.3/32。

（2）4.4.4.4/32。

（3）5.5.5.5/32。

（4）10.0.34.0/24。

（5）10.0.45.0/24。

假设我们希望只引入前三条路由，而把后两条路由屏蔽掉（它们可能是不必要的），就可以使用路由策略来实现，共分三步。

### （一）定义 IP 前缀

```
[R3]ip ip-prefix ipp1 index 10 permit 3.3.3.3 32
[R3]ip ip-prefix ipp1 index 20 permit 4.4.4.4 32
[R3]ip ip-prefix ipp1 index 30 permit 5.5.5.5 32
```

### （二）定义路由策略

```
[R3]route-policy rp1 permit node 10
[R3-route-policy]if-match ip-prefix ipp1
```

## (三)使用路由策略

[R3-bgp]import-route isis 1 route-policy rp1

## 四、测试并验证结果

### 查看 R1 的 BGP 路由表：

<R1> dis bgp routing-table

```
BGP Local router ID is 1.1.1.1
Status codes: * - valid, > - best, d - damped,
              h - history,  i - internal, s - suppressed, S - Stale
              Origin : i - IGP, e - EGP, ? - incomplete
```

Total Number of Routes: 5

|   | Network | NextHop | MED | LocPrf | PrefVal | Path/Ogn |
|---|---------|---------|-----|--------|---------|----------|
| * > i | 1.1.1.1/32 | 2.2.2.2 | 1 | 100 | 0 | i |
|   i | 2.2.2.2/32 | 2.2.2.2 | 0 | 100 | 0 | i |
| * > i | 3.3.3.3/32 | 10.0.23.3 | 0 | 100 | 0 | 200? |
| * > i | 4.4.4.4/32 | 10.0.23.3 | 10 | 100 | 0 | 200? |
| * > i | 5.5.5.5/32 | 10.0.23.3 | 20 | 100 | 0 | 200? |

可以看到在 R1 的 BGP 路由表中,已经没有了 10.0.34.0 和 10.0.45.0 两条明细路由。

## 五、项目小结与知识拓展

IP 前缀是一个用于匹配 IP 路由表项的强大工具,经常被用于路由策略中,命令格式如下:

ip ip-prefix ip-prefix-name[index index-number] {permit | deny } network len [greater-equal g | less-equal l]

(1)ip-prefix-name:指定地址前缀列表名,唯一标识一个地址前缀列表。

(2)index-number:标识地址前缀列表中的一条表项,数值小的表项先被测试。

(3)permit:指定所定义的地址前缀列表表项的匹配模式为允许模式。当指定为允许模式且待过滤的 IP 地址在该表项指定的前缀范围内时,通过该表项的过滤不进入下一个节点的测试);如待过滤的 IP 地址不在该表项指定的前缀范围内,则进行下一表项测试。

(4)deny:指定所定义的地址前缀列表表项的匹配模式为拒绝模式。当指定为拒绝模式且待过滤的 IP 地址在该表项指定的前缀范围内时,通不过该表项的过滤,并且不会进行下一个表项的测试,否则进入下一表项的测试。

(5)network:指定 IP 地址的地址段。

(6)len:指定 IP 地址的前缀通配符(注意不是子网掩码)。

(7)greater-equal、less-equal:指定匹配子网掩码的长度范围。

如果将 network len 指定为 0.0.0.0 0,则只匹配缺省路由。

如果需要匹配所有路由,则应配置为 0.0.0.0 0 less-equal 32。

路由策略的常用工具有 Route-Policy、Filter Policy,其中最常用的又属于 Route-Policy,

所有路由策略工具的目标都是要修改路由表,进而改变 IP 包的路由过程。

(1)Route-Policy 由策略名称、匹配模式、节点号、if-match 子句(条件语句)和 apply 子句(执行语句)五个部分组成。

(2)一个 Route-Policy 可以由多个节点(node)构成,路由匹配时,按节点号从小到大的顺序依次检查各个表项。

(3)Route-Policy 各节点号之间是"或"的关系,只要通过一个节点的匹配,就认为通过该过滤器,不再进行其他节点的匹配。

(4)当指定节点的匹配模式为 permit(允许)时,如果匹配 if-match 子句,则执行该节点的 apply 子句,不进入下一个节点,否则进入下一个节点继续匹配。

(5)当指定节点的匹配模式为 deny(拒绝)时,如果匹配 if-match 子句,则 apply 子句不会被执行,不进入下一个节点;如果不匹配 if-match 子句,则进入下一个节点继续匹配。

(6)通常会在一个 Route-Policy 的最后,设置一个不含 if-match 子句和 apply 子句的 permit 模式的节点,用于允许其他所有的路由通过。

(7)if-match 子句用来定义一些匹配条件,Route-Policy 的每一个节点可以含有多个 if-match 子句,也可以不含 if-match 子句,如果某个 permit 节点没有配置任何 if-match 子句,则该节点匹配所有的路由。

(8)apply 子句用来指定动作,路由通过 Route-Policy 过滤时,系统按照 apply 子句指定的动作对路由信息的一些属性进行设置,Route-Policy 的每一个节点可以含有多个 apply 子句,也可以不含 apply 子句,如果只需要过滤路由,不需要设置路由的属性,则不使用 apply 子句。

# 项目七
# BGP 选路原则

在广域网中,网络拓扑一般呈现为网状结构,从源端到目的端往往存在多条合法的路径, BGP 路由器在收到 BGP 路由信息后,一般需要经过路径优选,从而找到一条最优的 BGP 路由,这个过程称为 BGP 选路原则。为适应各种复杂情况下的选路需求,BGP 提供了 13 条选路原则,默认情况下,BGP 总能选出一条最优路径来(BGP 选路原则最后一条,优选对等体 IP 地址更小的路径,而对等体的 IP 地址总是可以区分大小的)。本项目介绍了各种 BGP 的路由属性,同时说明了如何利用这些属性进行 BGP 的路径优选。

### 学习目标

1. 了解 BGP 的 13 条选路原则。
2. 掌握常用 BGP 选路原则的配置。

## 一、网络拓扑图

部署 BGP 路由如图 3.7.1 所示。

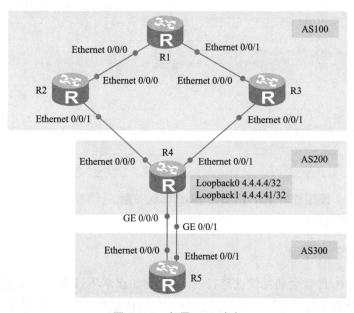

图 3.7.1　部署 BGP 路由

## 二、环境与设备要求

(1)按表 3.7.1 的清单准备好网络设备,并依图 3.7.1 搭建网络拓扑图。

表 3.7.1　设备清单

| 设　　备 | 型　　号 | 数　　量 |
|---|---|---|
| 路由器 | Router | 5 |

(2)为计算机和相关接口配置 IP 地址,设备配置清单见表 3.7.2。

表 3.7.2　设备配置清单

| 设　　备 | 连接端口 | IP 地址 |
|---|---|---|
| R1 E0/0/0 | R2 E0/0/0 | 10.0.12.1/24 |
| R1 E0/0/1 | R3 E0/0/0 | 10.0.13.1/24 |
| R2 E0/0/0 | R1 E0/0/0 | 10.0.12.2/24 |
| R2 E0/0/1 | R4 E0/0/0 | 10.0.24.2/24 |
| R3 E0/0/0 | R1 E0/0/1 | 10.0.13.3/24 |
| R3 E0/0/1 | R4 E0/0/1 | 10.0.34.3/24 |
| R4 E0/0/0 | R2 E0/0/1 | 10.0.24.4/24 |
| R4 E0/0/1 | R3 E0/0/1 | 10.0.34.4/24 |
| R4 G0/0/0 | R5 E0/0/0 | 10.0.45.4/24 |
| R4 G0/0/1 | R5 E0/0/1 | 10.0.54.4/24 |
| R5 E0/0/0 | R4 G0/0/0 | 10.0.45.5/24 |
| R5 E0/0/1 | R4 G0/0/1 | 10.0.54.5/24 |
| R1 Loopback 0 | — | 1.1.1.1/32 |
| R2 Loopback 0 | — | 2.2.2.2/32 |
| R3 Loopback 0 | — | 3.3.3.3/32 |
| R4 Loopback 0 | — | 4.4.4.4/32 |
| R4 Loopback 1 | — | 4.4.4.41/32 |
| R5 Loopback 0 | — | 5.5.5.5/32 |

(3)按图 3.7.1 预配置好 IGP 路由与 BGP 邻居关系。

(4)配置 BGP 相关属性,按需实现 BGP 选路。

## 三、认知与配置过程

BGP 在实践中,经常会遇见优选路径的问题,比如在本项目中,从 R1 到 R4 显然有两条路径可选,他们分别是经过 R2 到 R4、经过 R3 到 R4,在这种情况下,BGP 如何做出选择呢?

BGP 一共有 13 条选路原则,默认情况下,BGP 总能选出一条最优的路径来(BGP 选路原则最后一条:"优选对等体 IP 地址更小的路由",而 BGP 对等体的 IP 地址总是不同的),下面的实验,我们通过配置相关的 BGP 属性,实现 BGP 路径的优选。

## (一)配置路由器

配置路由器接口 IP 地址、IGP 路由、BGP 对等体等。

## (二)宣告 BGP 路由

```
[R4-bgp]network 4. 4. 4. 4 32
[R4-bgp]network 4. 4. 4. 41 32
```

接下来查看 R1 的 BGP 路由：

```
<R1> dis bgp routing-table

BGP Local router ID is 10. 0. 12. 1
Status codes: * - valid, > - best, d - damped,
              h - history,  i - internal, s - suppressed, S - Stale
              Origin : i - IGP, e - EGP, ? - incomplete

Total Number of Routes: 4
       Network          NextHop         MED        LocPrf       PrefVal      Path/Ogn

 * > i  4. 4. 4. 4/32    10. 0. 24. 4     0          100          0            200i
 *   i                   10. 0. 34. 4     0          100          0            200i
 * > i  4. 4. 4. 41/32   10. 0. 24. 4     0          100          0            200i
 *   i                   10. 0. 34. 4     0          100          0            200i
```

可以看到 R1 针对 4.4.4.4 和 4.4.4.41 这两个 BGP 前缀，均有两条合法的 BGP 路由（标记为"＊"），但经过 R3 的这条路径并不是最优的（没有标记"＞"），这其实是 BGP 选路原则的倒数第二条在起作用（"优选对等体 Router-id 更小的路由"）。对于 R1 来说，很明显 R2 的 BGP Router-id 更小，因此最终经过 R2 的这条路径被优选为有效路径。

下面通过修改 BGP 的 Preference-Value 属性，使得 R1 优选经过 R3 的路径到达 4.4.4.4。

## (三)配置针对 4.4.4.4 的路由策略

```
[R1]ip ip-prefix ipp1 permit 4. 4. 4. 4 32
[R1]route-policy rp1 permit node 10
[R1-route-policy]if-match ip-prefix ipp1
[R1-route-policy]apply preferred-value 100
[R1]route-policy rp1 permit node 100
[R1]bgp 100
[R1-bgp]peer 3. 3. 3. 3 route-policy rp1 import
```

接下来查看 R1 的 BGP 路由表：

```
[R1-bgp]dis bgp routing-table
BGP Local router ID is 10. 0. 12. 1
Status codes: * - valid, > - best, d - damped,
              h - history,  i - internal, s - suppressed, S - Stale
              Origin : i - IGP, e - EGP, ? - incomplete

Total Number of Routes: 4
```

| Network | NextHop | MED | LocPrf | PrefVal | Path/Ogn |
|---------|---------|-----|--------|---------|----------|
| * > i  4.4.4.4/32 | 10.0.34.4 | 0 | 100 | 100 | 200i |
| *   i | 10.0.24.4 | 0 | 100 | 0 | 200i |
| * > i  4.4.4.41/32 | 10.0.24.4 | 0 | 100 | 0 | 200i |
| *   i | 10.0.34.4 | 0 | 100 | 0 | 200i |

可以看到 R1 已经优选了经过 R3 到达 4.4.4.4 的路径,Preference-Value 属性也已经被修改为 100(默认为 0,越大越优先)。

请注意路由策略 RP1 的空节点(节点号 100),这个节点下并没有任何 if-match 子句,为什么要添加这个空节点呢?

如果没有这个空节点,R1 将只能从 R3 接收到 4.4.4.4 的 BGP 路由(4.4.4.41 将被过滤掉),在 BGP 的选路配置中,一般都会在一个路由策略的最后添加一个空节点,以避免丢失其他的有效路由。

下面通过修改 BGP 的 Local-preference 属性,使得 R1 优选经过 R3 的路径到达 4.4.4.41。

### (四)配置针对 4.4.4.41 的路由策略

[R1]ip ip-prefix ipp2 permit 4.4.4.41 32
[R1]route-policy rp1 permit node20
[R1-route-policy]if-match ip-prefix ipp2
[R1-route-policy]applylocal-preference 200

接下来查看 R1 的 BGP 路由表:

[R1-bgp]dis bgp routing-table

BGP Local router ID is 10.0.12.1
Status codes: * - valid, > - best, d - damped,
                h - history,  i - internal, s - suppressed, S - Stale
              Origin : i - IGP, e - EGP, ? - incomplete

Total Number of Routes: 4

| Network | NextHop | MED | LocPrf | PrefVal | Path/Ogn |
|---------|---------|-----|--------|---------|----------|
| * > i  4.4.4.4/32 | 10.0.34.4 | 0 | 100 | 100 | 200i |
| *   i | 10.0.24.4 | 0 | 100 | 0 | 200i |
| * > i  4.4.4.41/32 | 10.0.34.4 | 0 | 200 | 0 | 200i |
| *   i | 10.0.24.4 | 0 | 100 | 0 | 200i |

Status codes: * - valid, > - best, d - damped,

可以看到 R1 已经优选了经过 R3 到达 4.4.4.41 的路径,Local-preference 属性也已经被修改为 200(默认为 100,越大越优先)。

### (五)BGP 选路原则最后一条

在 R5 上宣告 BGP 路由 5.5.5.5/32。

[R5-bgp]network  5.5.5.5 32

接下来在 R4 上查看 BGP 路由。

```
<R4> dis bgp routing-table

BGP Local router ID is 10.0.24.4
Status codes: * - valid, > - best, d - damped,
              h - history,  i - internal, s - suppressed, S - Stale
              Origin : i - IGP, e - EGP, ? - incomplete

Total Number of Routes: 4
        Network            NextHop          MED         LocPrf        PrefVal       Path/Ogn

* >     4.4.4.4/32         0.0.0.0          0                         0             i
* >     4.4.4.41/32        0.0.0.0          0                         0             i
* >     5.5.5.5/32         10.0.45.5        0                         0             300i
*                          10.0.54.5        0                         0             300i
```

可以看到 R4 优选了左边的线路(出接口为 G0/0/0)。

BGP 选路原则的最后两条分别是:优选对等体的 Router-id 更小的路由、优选对等体 IP 地址更小的路由。在本例中,对于 R4 来说,对等体的 Router-id 都是 R5,无法比较大小,所以只能根据对等体的 IP 地址进行路由优选,这是 BGP 选路过程中的一种特殊情况。

## 四、测试并验证结果

本项目在实验过程中已经完成了路由表的验证,最后我们做一个路径跟踪的测试。

首先为 R1 添加 loopback 1 接口 IP 地址 1.1.1.11/32,并在 BGP 中进行宣告(注意:不能在 R1 的 BGP 中直接宣告 1.1.1.1/32,这会导致 R2 和 R3 中的 BGP 路由无效,原因前面已经提过,BGP 前缀和下一跳地址相同了),接下来进行路径跟踪的实验。

```
[R1]tracert -a 1.1.1.11 4.4.4.4
traceroute to  4.4.4.4(4.4.4.4), max hops: 30 ,packet length: 40,press CTRL_C to break

1 10.0.13.3 50 ms   40 ms   50 ms
2 10.0.34.4 80 ms   60 ms   60 ms
```

可以看到第一跳是 R3(即 10.0.13.3),说明 BGP 选路的配置是有效的。

## 五、项目小结与知识拓展

每台 BGP 路由器在收到 BGP 路由后都会进行路由优选,分三种情况:

(1)唯一路由,直接优选。

(2)多条路由,优先级不同,选择最高优先级的路由。

(3)多条路由,优先级相同,进行 BGP 选路。

BGP 一共有 13 条选路原则,在选路过程中,只要有 1 条匹配成功,之后的便不再比较。默认情况下,BGP 总能选出一条最优路径来。

(1)丢弃下一跳不可达的路由。

(2)优选 Preference-Value 更高的路由(默认为 0,越大越优先)。

(3)优选 Local-Preference 更高的路由(默认为 100,越大越优先)。

(4)优选本地始发的优先级更高的路由(手动聚合 > 自动聚合 > network > import)。

(5)优选 AS-Path 更短的路径。

(6)优选 BGP 起源属性(Origin)更优的路由(IGP > EGP > Incomplete)。

(7)优选 MED 值(Multi-exit Discriminator,多出口鉴别)更小的路由(默认为 0,越小越优先)。

(8)优选从 EBGP 邻居学习到的路由(EBGP > IBGP)。

(9)优选 AS 内部 IGP 开销值(Metric)更小的路由。

(10)优选 Cluster-List 更短的路由(BGP 路由经过的集群号列表,用于防止集群间产生路由环路)。

(11)优选 Originator-ID 更小的路由(反射器的 Router-ID,用于防止集群内产生路由环路)。

(12)优选对等体 Router-ID 更小的路由。

(13)优选对等体 IP 地址更小的路由(比如与对等体之间有多条链路时)。

AS-Path 属性在 BGP 选路过程中经常被用到,他是 BGP 的私有属性,记录了某条路由从本地到目的地址所要经过的所有 AS 编号,通过应用 AS-Path 属性可以控制路由选择及防止路由环路。

当到达同一目的地存在多条路由时,BGP 会比较路由的 AS-Path 属性,AS-Path 列表较短的路由将被认为是最佳路由,通过路由策略增加或删除特定的 AS 号,可以人为的修改 BGP 路径。

(1)假设原来 AS-Path 为(30,40,50),在符合匹配条件的情况下:

(2)如果配置了 apply as-path 60 70 80 additive 命令,则 AS-Path 列表更改为(60,70,80,30,40,50),这种配置一般用于调整使路由不被优选。

(3)如果配置了 apply as-path 60 70 80 overwrite 命令,则 AS-Path 列表更改为(60,70,80)。

(4)如果配置了 apply as-path none overwrite 命令,则 AS-Path 列表更改为空,AS-Path 长度按照 0 来处理,通过清空 AS-Path,不但可以隐藏真实的路径信息,还可以缩短 AS-Path 长度,使路由被优选,把流量引导向本自治系统。

下面的例子通过路由策略增加 AS 号,人为地修改了 BGP 路径。

```
#
Ip ip-policyipp1 permit 2.2.2.2 32
Route-policy rp1  permit  node  10
If-match ip-prefix ipp1
Apply as-path 201 202 additive
Bgp 100
Peer 10.0.12.2 route-policy rp1 import
```

# 项目八
# BGP 路由黑洞

大多数情况下,我们在配置 BGP 邻居时都会配置成全互联的模式,即所有的 BGP 邻居都是直连的,并且所有的直连路由器之间都配置了 BGP 邻居(包括 IBGP 和 EBGP),然而 BGP 其实是允许跨路由器建立邻居关系的(尤其是 IBGP 邻居),这种非直连的 BGP 邻居关系有可能会带来"BGP 路由黑洞"问题。本项目介绍了 BGP 路由黑洞的基本概念、产生原因和解决方法。

学习目标

1. 了解 BGP 路由黑洞的产生原因。
2. 掌握 BGP 路由黑洞的解决方案。

## 一、网络拓扑图

部署 BGP 路由如图 3.8.1 所示。

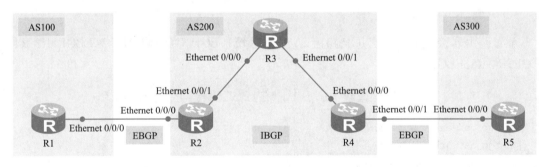

图 3.8.1　部署 BGP 路由

## 二、环境与设备要求

(1)按表 3.8.1 的清单准备好网络设备,并依图 3.8.1 搭建网络拓扑图。

表 3.8.1　设备清单

| 设　　备 | 型　　号 | 数　　量 |
|---|---|---|
| 路由器 | Router | 5 |

(2)为计算机和相关接口配置 IP 地址,设备配置清单见表 3.8.2。

表 3.8.2　设备配置清单

| 设　　备 | 连接端口 | IP 地址 |
|---|---|---|
| R1 E0/0/0 | R2 E0/0/0 | 10.0.12.1/24 |
| R2 E0/0/0 | R1 E0/0/0 | 10.0.12.2/24 |
| R2 E0/0/1 | R3 E0/0/0 | 10.0.23.2/24 |
| R3 E0/0/0 | R2 E0/0/1 | 10.0.23.3/24 |
| R3 E0/0/1 | R4 E0/0/0 | 10.0.34.3/24 |
| R4 E0/0/0 | R3 E0/0/1 | 10.0.34.4/24 |
| R4 E0/0/1 | R5 E0/0/0 | 10.0.45.4/24 |
| R5 E0/0/0 | R4 E0/0/1 | 10.0.45.5/24 |
| R1 Loopback 0 | — | 1.1.1.1/32 |
| R2 Loopback 0 | — | 2.2.2.2/32 |
| R3 Loopback 0 | — | 3.3.3.3/32 |
| R4 Loopback 0 | — | 4.4.4.4/32 |
| R5 Loopback 0 | — | 5.5.5.5/32 |

(3)按图 3.8.1 预配置好 IGP 路由与 BGP 邻居关系。

(4)观察 BGP 路由黑洞现象并分析原因。

(5)利用 GRE 解决 BGP 路由黑洞问题。

## 三、认知与配置过程

### (一)配置路由器

配置路由器接口 IP 地址、IGP 路由(AS200 区域)、BGP 对等体(R1-R2：EBGP；R2-R4：IBGP；R4-R5：EBGP)。

### (二)在 R1 的 BGP 进程中宣告 1.1.1.1，R5 的 BGP 进程中宣告 5.5.5.5

```
[R1-bgp]network 1.1.1.1 32
[R5-bgp]network 5.5.5.5 32
```

接下来查看 R1 的 BGP 路由：

```
[R1]dis bgp routing-table

BGP Local router ID is 10.0.12.1
Status codes: * - valid, > - best, d - damped,
              h - history,  i - internal, s - suppressed, S - Stale
              Origin : i - IGP, e - EGP, ? - incomplete

Total Number of Routes: 2
     Network          NextHop        MED        LocPrf      PrefVal     Path/Ogn

 * >  1.1.1.1/32      0.0.0.0        0                      0           i
 * >  5.5.5.5/32      10.0.12.2                             0           200 300i
```

可以看到 R1 上有两条有效的 BGP 路由，分别是 1.1.1.1 和 5.5.5.5，其中，5.5.5.5 依次经过了 AS300、AS200 后到达了 AS100。在 R5 上查看 BGP 路由表也可看到完全相同的结果（R1 和 R5 是完全对称的）。

此时在 R1 上执行命令：

```
[R1]ping -a 1.1.1.1 5.5.5.5
  PING 5.5.5.5: 56  data bytes, press CTRL_C to break
    Request time out
    Request time out
    Request time out
    Request time out
    Request time out

  --- 5.5.5.5 ping statistics ---
    5 packet(s) transmitted
    0 packet(s) received
    100.00%  packet loss
```

可以看到结果并不通。

在 R1 上执行命令：

```
[R1]tracert -a 1.1.1.1 5.5.5.5
traceroute to   5.5.5.5(5.5.5.5), max hops: 30 ,packet length: 40,press CTRL_C to break

1 10.0.12.2 50 ms   40 ms   50 ms
2  *   *   *
3  *   *   *
4  *   *   *
```

可以看到第一跳到达了 R2，之后就没有任何反应了，说明路由过程在 R2 上出现了问题，接下来查看 R2 的路由表：

```
<R2> dis ip routing-table
Route Flags: R - relay, D - download to fib
----------------------------------------------------------------------------------

Routing Tables: Public
                        Destinations : 13     Routes : 13

Destination/Mask      Proto    Pre    Cost    Flags    NextHop       Interface

     1.1.1.1/32       EBGP     255    0       D        10.0.12.1     Ethernet0/0/0
     2.2.2.2/32       Direct   0      0       D        127.0.0.1     LoopBack0
     3.3.3.3/32       OSPF     10     1       D        10.0.23.3     Ethernet0/0/1
     4.4.4.4/32       OSPF     10     2       D        10.0.23.3     Ethernet0/0/1
     5.5.5.5/32       IBGP     255    0       RD       10.0.45.5     Ethernet0/0/1
    10.0.12.0/24      Direct   0      0       D        10.0.12.2     Ethernet0/0/0
    10.0.12.2/32      Direct   0      0       D        127.0.0.1     Ethernet0/0/0
    10.0.23.0/24      Direct   0      0       D        10.0.23.2     Ethernet0/0/1
    10.0.23.2/32      Direct   0      0       D        127.0.0.1     Ethernet0/0/1
    10.0.34.0/24      OSPF     10     2       D        10.0.23.3     Ethernet0/0/1
```

191

| | | | | | | |
|---|---|---|---|---|---|---|
| **10.0.45.0/24** | **OSPF** | **10** | **3** | **D** | **10.0.23.3** | **Ethernet0/0/1** |
| 127.0.0.0/8 | Direct | 0 | 0 | D | 127.0.0.1 | InLoopBack0 |
| 127.0.0.1/32 | Direct | 0 | 0 | D | 127.0.0.1 | InLoopBack0 |

请注意路由表中第一行加粗字体的路由表项,目的地址为 5.5.5.5,下一跳为 10.0.45.5,但是这条路由需要经过迭代运算(标记为 RD),不能直接转发数据,因为 10.0.45.5 并不是 R2 的直连口网段。

继续查看第二行粗体的路由表项,他指示去往 10.0.45.0 的目的网络,下一跳为 10.0.23.3,这说明 R2 最终将数据发送给了 R3。

接下来查看 R3 的路由表:

```
<R3> dis ip routing-table
Route Flags: R - relay, D - download to fib
------------------------------------------------------------------------------------

Routing Tables: Public
         Destinations : 11          Routes : 11

Destination/Mask    Proto    Pre    Cost    Flags    NextHop       Interface
```

| Destination/Mask | Proto | Pre | Cost | Flags | NextHop | Interface |
|---|---|---|---|---|---|---|
| 2.2.2.2/32 | OSPF | 10 | 1 | D | 10.0.23.2 | Ethernet0/0/0 |
| 3.3.3.3/32 | Direct | 0 | 0 | D | 127.0.0.1 | LoopBack0 |
| 4.4.4.4/32 | OSPF | 10 | 1 | D | 10.0.34.4 | Ethernet0/0/1 |
| 10.0.12.0/24 | OSPF | 10 | 2 | D | 10.0.23.2 | Ethernet0/0/0 |
| 10.0.23.0/24 | Direct | 0 | 0 | D | 10.0.23.3 | Ethernet0/0/0 |
| 10.0.23.3/32 | Direct | 0 | 0 | D | 127.0.0.1 | Ethernet0/0/0 |
| 10.0.34.0/24 | Direct | 0 | 0 | D | 10.0.34.3 | Ethernet0/0/1 |
| 10.0.34.3/32 | Direct | 0 | 0 | D | 127.0.0.1 | Ethernet0/0/1 |
| 10.0.45.0/24 | OSPF | 10 | 2 | D | 10.0.34.4 | Ethernet0/0/1 |
| 127.0.0.0/8 | Direct | 0 | 0 | D | 127.0.0.1 | InLoopBack0 |
| 127.0.0.1/32 | Direct | 0 | 0 | D | 127.0.0.1 | InLoopBack0 |

可以看到在 R3 的路由表中,没有 5.5.5.5 这个目的地址,无法继续转发数据包,最终 R3 会丢弃掉这个数据包,R3 反馈给 R1 的 ICMP 出错报文(目的地不可达)也无法送出,因为 1.1.1.1 这个目的地址对于 R3 来说也是不可达的。

该问题被形象地称为"BGP 路由黑洞"问题,数据包在路由过程中似乎进入了黑洞,再也不见"踪影"了,在非 BGP 全互联的网络环境中,BGP 路由黑洞问题是很容易引发的。

引发 BGP 路由黑洞的主要原因可能在于我们把问题简化的过多了,因为直观上看,我们似乎找到了一种很好的传递 BGP 路由的方法,即避开一个 AS 内部的所有路由器直接在两台边缘路由器之间建立 IBGP 邻居,实现 BGP 路由的传递,很明显这可以省去大量的配置工作和 BGP 邻居开销,而且从边缘路由器上看,似乎一切都很正常(R1 和 R5 上的 BGP 路由都没有问题)。然而,传递 BGP 路由和转发用户数据是两回事,BGP 路由是被封装在 BGP update 报文中的,利用 TCP 协议点对点发送给邻居,发送过程中只需用到 BGP 对等体之间的 IP 地址,与 BGP 路由前缀无关。

用户数据是利用 IP 路由表逐跳转发的,在逐跳转发过程中,目的地址始终为某个 BGP 路由前缀(本例中为 5.5.5.5),然而 AS 内部的中间路由器上(本例中为 R3)并没有这些 BGP 路由表项,因此数据转发最终会失败。

有很多种方法解决 BGP 路由黑洞问题,比如建立 BGP 全互联邻居关系、通过 MPLS BGP/VPN 隧道、通过 GRE 隧道,等等,但是最为简单且直接的方法是通过 GRE 隧道。

### (三)在 R2 上配置 GRE 隧道并配置静态路由

```
[R2]int Tunnel 0/0/0
[R2-Tunnel0/0/0]ip address 10.0.2.2 24
[R2-Tunnel0/0/0]tunnel-protocol gre
[R2-Tunnel0/0/0]source 2.2.2.2
[R2-Tunnel0/0/0]destination 4.4.4.4
[R2]ip route-static 5.5.5.5 32 Tunnel 0/0/0
```

### (四)在 R4 上配置 GRE 隧道并配置静态路由

```
[R4]int Tunnel 0/0/0
[R4-Tunnel0/0/0]ip address 10.0.4.4 24
[R4-Tunnel0/0/0]tunnel-protocol gre
[R4-Tunnel0/0/0]source 4.4.4.4
[R4-Tunnel0/0/0]destination 2.2.2.2
[R4]ip route-static 1.1.1.1 32 Tunnel 0/0/0
```

## 四、测试并验证结果

```
<R1> ping -a 1.1.1.1 5.5.5.5
  PING 5.5.5.5: 56   data bytes, press CTRL_C to break
    Reply from 5.5.5.5: bytes=56   Sequence=1   ttl=253   time=110 ms
    Reply from 5.5.5.5: bytes=56   Sequence=2   ttl=253   time=140 ms
    Reply from 5.5.5.5: bytes=56   Sequence=3   ttl=253   time=100 ms
    Reply from 5.5.5.5: bytes=56   Sequence=4   ttl=253   time=120 ms
    Reply from 5.5.5.5: bytes=56   Sequence=5   ttl=253   time=80 ms

  --- 5.5.5.5 ping statistics ---
    5 packet(s) transmitted
    5 packet(s) received
    0.00%  packet loss
    round-trip min/avg/max =80/110/140 ms
```

可以看到 R1 已经可以正常地连通 R5,说明 BGP 路由黑洞问题已经得到了有效解决。

## 五、知识拓展

BGP 路由黑洞问题是一个非常隐蔽的问题,一旦碰到十分麻烦,需要逐跳排查,极其耗时,实践中应尽量避免建立非直连的 BGP 对等体。

当我们遇见非直连的 BGP 对等体时,也应该立刻想到这会引发 BGP 路由黑洞问题,这种直觉有时候能帮助我们快速定位和解决问题。

# 项目九
# 策略路由

正常的 IP 路由转发是根据 IP 分组的目的地址进行的,即将目的地址和 IP 路由表进行逐行匹配,并根据最长匹配原则选择最终的出接口和下一跳,然而实践中可能会遇到一些特殊的需求,比如根据 IP 分组的源地址进行路由选择。这类需求是无法依靠传统的路由表来实现的。我们统称这种基于某些策略来进行的路由为策略路由,广泛部署在园区网的出口路由器中。本项目介绍策略路由的工作原理、配置过程和注意事项。

## 学习目标

1. 了解策略路由的工作原理。
2. 了解策略路由和路由策略的区别。
3. 掌握策略路由的部署。

## 一、网络拓扑图

部署策略路由如图 3.9.1 所示。

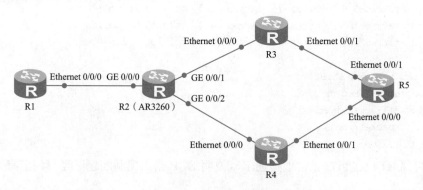

图 3.9.1 部署策略路由

## 二、环境与设备要求

(1)按表 3.9.1 的清单准备好网络设备,并依图 3.9.1 搭建网络拓扑图。

表 3.9.1 设备清单

| 设 备 | 型 号 | 数 量 |
| --- | --- | --- |
| 路由器 | Router | 4 |
| 路由器 | AR3260 | 1 |

（2）为计算机和相关接口配置 IP 地址，设备配置清单见表 3.9.2。

表 3.9.2  设备配置清单

| 设   备 | 连接端口 | IP 地址 |
|---------|----------|---------|
| R1 E0/0/0 | R2 G0/0/0 | 10.0.12.1/24 |
| R2 G0/0/0 | R1 E0/0/0 | 10.0.12.2/24 |
| R2 G0/0/1 | R3 E0/0/0 | 10.0.23.2/24 |
| R2 G0/0/2 | R4 E0/0/0 | 10.0.24.2/24 |
| R3 E0/0/0 | R2 G0/0/1 | 10.0.23.3/24 |
| R3 E0/0/1 | R5 E0/0/0 | 10.0.35.3/24 |
| R4 E0/0/0 | R2 G0/0/2 | 10.0.24.4/24 |
| R4 E0/0/1 | R5 E0/0/1 | 10.0.45.4/24 |
| R5 E0/0/0 | R3 E0/0/1 | 10.0.35.5/24 |
| R5 E0/0/1 | R4 E0/0/1 | 10.0.45.5/24 |
| R1 Loopback 0 | — | 1.1.1.1/32 |
| R1 Loopback 1 | — | 1.1.1.11/32 |
| R2 Loopback 0 | — | 2.2.2.2/32 |
| R3 Loopback 0 | — | 3.3.3.3/32 |
| R4 Loopback 0 | — | 4.4.4.4/32 |
| R5 Loopback 0 | — | 5.5.5.5/32 |

（3）全网部署 OSPF 路由，全网互通。

（4）在 R2 上部署策略路由，使得分别来自 1.1.1.1 和 1.1.1.11 的 IP 包选择不同的下一跳（R3 或 R4）到达 R5。

## 三、认知与配置过程

传统的 IP 路由表是根据目的 IP 地址进行路径选择的，然而实践中可能会碰到一些特殊情况，比如需要根据 IP 包的源地址进行路由选择（这类 IP 包可能有特殊的业务需求），传统的 IP 路由表是无法实现该功能的，这类不以目的 IP 地址作为路由依据的数据转发过程统称为策略路由。

路由器执行路由时，首先匹配策略路由，如果匹配成功则直接转发，不再使用传统的 IP 路由表；如果匹配不成功，再按传统 IP 路由表执行路由，或者说，策略路由的优先级是要高于传统 IP 路由的。

所有关于策略路由的配置是独立于 IP 路由表之外的，不会对 IP 路由表做任何修改，而路由策略则正好相反，其目的就是要修改 IP 路由表，二者之间有着本质区别。

首先配置全网的 OSPF 路由，实现全网互通，查看 R2 的 OSPF 路由表：

```
<R2> dis ospf routing

OSPF Process 1 with Router ID 2.2.2.2   Routing Tables

Routing for Network
```

| Destination | Cost | Type | NextHop | AdvRouter | Area |
|---|---|---|---|---|---|
| 2.2.2.2/32 | 0 | Stub | 2.2.2.2 | 2.2.2.2 | 0.0.0.0 |
| 10.0.12.0/24 | 1 | Transit | 10.0.12.2 | 2.2.2.2 | 0.0.0.0 |
| 10.0.23.0/24 | 1 | Transit | 10.0.23.2 | 2.2.2.2 | 0.0.0.0 |
| 10.0.24.0/24 | 1 | Transit | 10.0.24.2 | 2.2.2.2 | 0.0.0.0 |
| 1.1.1.1/32 | 1 | Stub | 10.0.12.1 | 1.1.1.1 | 0.0.0.0 |
| 1.1.1.11/32 | 1 | Stub | 10.0.12.1 | 1.1.1.1 | 0.0.0.0 |
| 3.3.3.3/32 | 1 | Stub | 10.0.23.3 | 3.3.3.3 | 0.0.0.0 |
| 4.4.4.4/32 | 1 | Stub | 10.0.24.4 | 4.4.4.4 | 0.0.0.0 |
| **5.5.5.5/32** | **2** | **Stub** | **10.0.23.3** | **5.5.5.5** | **0.0.0.0** |
| **5.5.5.5/32** | **2** | **Stub** | **10.0.24.4** | **5.5.5.5** | **0.0.0.0** |
| 10.0.35.0/24 | 2 | Transit | 10.0.23.3 | 3.3.3.3 | 0.0.0.0 |
| 10.0.45.0/24 | 2 | Transit | 10.0.24.4 | 4.4.4.4 | 0.0.0.0 |

可以看到 R2 已经有了全网的明细路由,同时对于 5.5.5.5 这个目的地址,有两条完全等价的路由(负载均衡),下一跳分别是 R3 和 R4,这与我们的预期一致。

### (一)跟踪从 R1 到 R5 的实际路径

```
<R1> tracert -a 1.1.1.1 5.5.5.5
traceroute to   5.5.5.5(5.5.5.5), max hops: 30 ,packet length: 40,press CTRL_C to break
1 10.0.12.2 50 ms   40 ms   30 ms
2 10.0.24.4 70 ms 10.0.23.3 40 ms 10.0.24.4 70 ms
3 10.0.35.5 90 ms 10.0.45.5 60 ms 10.0.35.5 70 ms
<R1> tracert -a 1.1.1.11 5.5.5.5
traceroute to   5.5.5.5(5.5.5.5), max hops: 30 ,packet length: 40,press CTRL_C to break
1 10.0.12.2 30 ms   50 ms   30 ms
2 10.0.24.4 50 ms 10.0.23.3 40 ms 10.0.24.4 30 ms
3 10.0.35.5 70 ms 10.0.45.5 60 ms 10.0.35.5 60 ms
```

可以看到对于 1.1.1.1 和 1.1.1.11 这两个源地址的 IP 包,到达 5.5.5.5 的路径都是经过 R4 的(第二跳为 10.0.24.4),这是路由器依据负载均衡策略执行的默认路由动作。

下面的配置,通过策略路由,使得源地址为 1.1.1.11 的 IP 包,经过 R3 到达 R5。

### (二)定义 ACL 匹配数据流

```
[R2]acl 3000
[R2-acl-adv-3000]rule permit ip source 1.1.1.11 0 destination 5.5.5.5 0
```

### (三)定义流量类别(匹配 ACL)

```
[R2]traffic classifier tc1
[R2-classifier-tc1]if-match acl 3000
```

### (四)定义流量行为

```
[R2]traffic behavior tb1
[R2-behavior-tb1]redirect ip-nexthop 10.0.23.3
```

### (五)定义流量策略

```
[R2]traffic policy tp1
```

［R2-trafficpolicy-tp1］classifier tc1 behavior tb1

### (六)将流量策略绑定至特定接口

［R2-GigabitEthernet0/0/0］traffic-policy tp1 inbound

该命令将流量策略 tp1 绑定在了 R2 的 G0/0/0 接口上,方向为入(inbound)。

## 四、测试并验证结果

再次跟踪从 1.1.1.11 到 5.5.5.5 的实际路径:

```
<R1> tracert -a 1.1.1.11 5.5.5.5
traceroute to   5.5.5.5(5.5.5.5), max hops: 30 ,packet length: 40,press CTRL_C to break
1 10.0.12.2 50 ms    50 ms    30 ms
2 10.0.23.3 50 ms    60 ms    50 ms
3 10.0.35.5 70 ms    70 ms    70 ms
```

可以看到第二跳已经变成了 10.0.23.3(即经过 R3),说明策略路由的配置是成功并且生效的。

再次查看 R2 的路由表:

```
<R2> dis ospf routing

OSPF Process 1 with Router ID 2.2.2.2 Routing Tables
```

Routing for Network

| Destination | Cost | Type | NextHop | AdvRouter | Area |
|---|---|---|---|---|---|
| 2.2.2.2/32 | 0 | Stub | 2.2.2.2 | 2.2.2.2 | 0.0.0.0 |
| 10.0.12.0/24 | 1 | Transit | 10.0.12.2 | 2.2.2.2 | 0.0.0.0 |
| 10.0.23.0/24 | 1 | Transit | 10.0.23.2 | 2.2.2.2 | 0.0.0.0 |
| 10.0.24.0/24 | 1 | Transit | 10.0.24.2 | 2.2.2.2 | 0.0.0.0 |
| 1.1.1.1/32 | 1 | Stub | 10.0.12.1 | 1.1.1.1 | 0.0.0.0 |
| 1.1.1.11/32 | 1 | Stub | 10.0.12.1 | 1.1.1.1 | 0.0.0.0 |
| 3.3.3.3/32 | 1 | Stub | 10.0.23.3 | 3.3.3.3 | 0.0.0.0 |
| 4.4.4.4/32 | 1 | Stub | 10.0.24.4 | 4.4.4.4 | 0.0.0.0 |
| **5.5.5.5/32** | **2** | **Stub** | **10.0.23.3** | **5.5.5.5** | **0.0.0.0** |
| **5.5.5.5/32** | **2** | **Stub** | **10.0.24.4** | **5.5.5.5** | **0.0.0.0** |
| 10.0.35.0/24 | 2 | Transit | 10.0.23.3 | 3.3.3.3 | 0.0.0.0 |
| 10.0.45.0/24 | 2 | Transit | 10.0.24.4 | 4.4.4.4 | 0.0.0.0 |

可以看到 R2 的路由表没有任何变化,说明策略路由不会对 IP 路由表做任何修改,它只是一个策略而已。

## 五、项目小结与知识拓展

当需要人为的控制路由走向(即需要更改路由表)时,使用路由策略;当需要人为的控制数据走向(即不更改路由表)时,使用策略路由,路由器收到一个分组后,先匹配策略路由,如果匹配成功,则直接转发,不再使用路由表;如果匹配不成功,再按照路由表进行数据转发。

策略路由的常用工具有:Policy Based Routing、Traffic-filter、Traffic-Policy 等,但实用性最强的是 Traffic-Policy,它对经过本地的所有 IP 分组都有效,一般将其绑定在路由器特定接口的入方向上。所有的策略路由配置都只能在 AR 系列路由器上进行，Router 不支持。

Traffic-filter 的典型应用是配合 ACL 进行数据过滤，如：

[R1-GigabitEthernet0/0/1]traffic-filter outbound acl 3000

Policy Based Routing 则只对本地始发的 IP 分组有效，功能有限，使用方法如下：定义从 2.2.2.2 始发去往 5.5.5.5 的流量走 R3 线路。

```
ip local policy-based-route pbr
#
acl number3000
  rule permit ip source 2.2.2.2 0 destination 5.5.5.5 0
#
policy-based-route pbr permit node 10
  if-match acl3000
  apply ip-address next-hop 10.0.23.3
#
```

# 项目十
# 组播(PIM-SM)

组播,也称为多播,是一种一对多的数据传输服务模型,适合用于网络电视、现场直播、视频会议、网络主播等场景中,与单播、广播服务相比,组播的用户可能随时加入或退出组播组(请联想收音机用户在收听广播电台时的场景,用户可能随时切换电台),因此组播需要一套完备的服务模型、成员管理、路由管理机制。本项目介绍组播的基本概念、工作原理和配置过程。

## 学习目标

1. 了解组播的工作原理。
2. 掌握组播相关协议 PIM、IGMP 等。
3. 掌握组播的配置。

## 一、网络拓扑图

组播 PIM-SM 的配置如图 3.10.1 所示

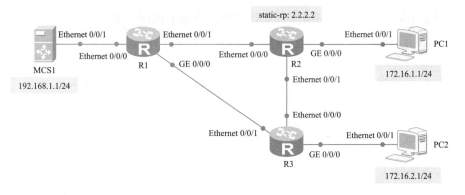

图 3.10.1　组播 PIM-SM 的配置

## 二、环境与设备要求

(1)按表 3.10.1 的清单准备好网络设备,并依图 3.10.1 搭建网络拓扑图。

表 3.10.1　设备清单

| 设　　备 | 型　　号 | 数　　量 |
| --- | --- | --- |
| 路由器 | Router | 3 |
| 组播服务器 | MCS | 1 |
| 计算机 | PC | 2 |

（2）为计算机和相关接口配置 IP 地址，设备配置清单见表 3.10.2。

表 3.10.2　设备配置清单

| 设　　备 | 连接端口 | IP 地址 |
|---|---|---|
| R1E0/0/0 | MCS1 | 192.168.1.254/24 |
| R1 E0/0/1 | R2 E0/0/0 | 10.0.12.1/24 |
| R1 G0/0/0 | R3 E0/0/1 | 10.0.13.1/24 |
| R2 E0/0/0 | R1 E0/0/1 | 10.0.12.2/24 |
| R2 E0/0/1 | R3 E0/0/0 | 10.0.23.2/24 |
| R2 G0/0/0 | PC1 | 172.16.1.254/24 |
| R3 E0/0/0 | R2 E0/0/1 | 10.0.23.3/24 |
| R3 E0/0/1 | R1 G0/0/0 | 10.0.13.3/24 |
| R3 G0/0/0 | PC2 | 172.16.2.254/24 |
| R1 Loopback 0 | — | 1.1.1.1/32 |
| R2 Loopback 0 | — | 2.2.2.2/32 |
| R3 Loopback 0 | — | 3.3.3.3/32 |

（3）全网部署 OSPF 路由，全网互通。

（4）全网部署 PIM-SM，使得两台 PC 机上能正常接收组播数据。

## 三、认知与配置过程

首先配置全网的 OSPF 路由，实现全网互通，查看 R1 的 OSPF 路由表：

```
<R1> dis ospf routing

OSPF Process 1 with Router ID 1.1.1.1 Routing Tables

Routing for Network
Destination        Cost      Type       NextHop           AdvRouter       Area
1.1.1.1/32         0         Stub       1.1.1.1           1.1.1.1         0.0.0.0
10.0.12.0/24       1         Transit    10.0.12.1         1.1.1.1         0.0.0.0
10.0.13.0/24       1         Transit    10.0.13.1         1.1.1.1         0.0.0.0
192.168.1.0/24     1         Stub       192.168.1.254     1.1.1.1         0.0.0.0
2.2.2.2/32         1         Stub       10.0.12.2         2.2.2.2         0.0.0.0
3.3.3.3/32         1         Stub       10.0.13.3         3.3.3.3         0.0.0.0
10.0.23.0/24       2         Transit    10.0.12.2         3.3.3.3         0.0.0.0
10.0.23.0/24       2         Transit    10.0.13.3         3.3.3.3         0.0.0.0
172.16.1.0/24      2         Stub       10.0.12.2         2.2.2.2         0.0.0.0
172.16.2.0/24      2         Stub       10.0.13.3         3.3.3.3         0.0.0.0
```

可以看到 R1 已经有了全网的明细路由。

## (一)配置 R1

```
[R1]multicast routing-enable
[R1]pim
[R1-pim]static-rp 2.2.2.2
[R1-pim]q
[R1]int e0/0/0
[R1-Ethernet0/0/0]pim sm
[R1-Ethernet0/0/0]int e0/0/1
[R1-Ethernet0/0/1]pim sm
[R1-Ethernet0/0/1]int g0/0/0
[R1-GigabitEthernet0/0/0]pim sm
```

## (二)配置 R2

```
[R2]multicast routing-enable
[R2]pim
[R2-pim]static-rp 2.2.2.2
[R2-pim]q
[R2]int e0/0/0
[R2-Ethernet0/0/0]pim sm
[R2-Ethernet0/0/0]int e0/0/1
[R2-Ethernet0/0/1]pim sm
[R2-Ethernet0/0/1]int g0/0/0
[R2-GigabitEthernet0/0/0]igmp enable
```

## (三)配置 R3

```
[R3]multicast routing-enable
[R3]pim
[R3-pim]static-rp 2.2.2.2
[R3-pim]q
[R3]int e0/0/0
[R3-Ethernet0/0/0]pim sm
[R3-Ethernet0/0/0]int e0/0/1
[R3-Ethernet0/0/1]pim sm
[R3-Ethernet0/0/1]int g0/0/0
[R3-GigabitEthernet0/0/0]igmp enable
```

## (四)开启 MCS 上的组播流

本项目中使用 224.1.1.1 组播组地址,组播组 MAC 地址系统会自动计算,无须填写,任意选择一个视频,单击"运行"后即可开启组播服务器端的视频播放窗口,一旦服务器开始推送组播数据,组播路由器之间就会自动建立 PIM 路由表,等待组播成员的加入。组播服务器配置如图 3.10.2 所示。

在 eNSP 中,组播功能需要 VLC 软件(一款视频播放软件,支持流格式)的支持,相关的设置如图 3.10.3 所示。

图 3.10.2　组播服务器配置

图 3.10.3　VLC 软件设置

## 四、测试并验证结果

### (一)配置 PC 机加入组播组

输入组播 IP 地址 224.1.1.1,单击"加入"后,再次单击"启动 VLC",即可在组播成员端看到组播视频数据了,操作过程如图 3.10.4 所示,最终效果如图 3.10.5 所示。

图 3.10.4　加入组播组

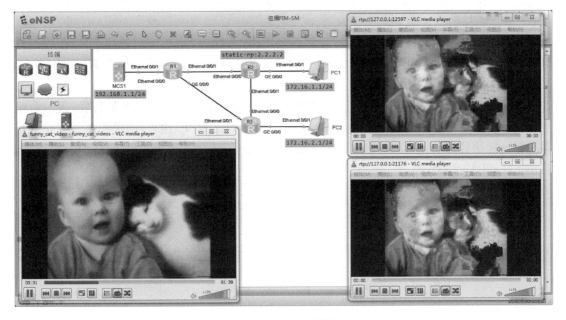

图 3.10.5　组播效果

可以看到组播成员端的视频要略微延迟片刻,这是正常现象(数据传输的延迟)。

### (二)查看 PIM 路由表

```
<R3> dis pim routing-table
VPN-Instance: public net
Total 1(*, G) entry; 1(S, G) entry

(*, 224.1.1.1)
  RP: 2.2.2.2
  Protocol: pim-sm, Flag: WC EXT
  UpTime: 00:06:21
  Upstream interface: Ethernet0/0/0
```

```
        Upstream neighbor: 10.0.23.2
        RPF prime neighbor: 10.0.23.2
    Downstream interface(s) information: None
```

**(192.168.1.1, 224.1.1.1)**
```
    RP: 2.2.2.2
    Protocol: pim-sm, Flag: RPT SPT ACT
    UpTime: 00:06:21
```
**Upstream interface: Ethernet0/0/1**
```
        Upstream neighbor: 10.0.13.1
        RPF prime neighbor: 10.0.13.1
    Downstream interface(s) information: None
```

可以看到在(*,224.1.1.1)的组播路由表项中,上游口为 E0/0/0(连接 R2),因为静态 RP 被指定为 2.2.2.2。

(*,G)的表项是一种没有指定组播源的组播路由表项,对于其他路由器来说,总是试图从 RP 获取组播数据。

在(192.168.1.1,224.1.1.1)的组播路由表项中,上游口为 E0/0/1(连接 R1),因为组播源(192.168.1.1)所在的网段(192.168.1.0)在 R3 的单播路由表中,下一跳为 R1,或者说 R3 从 R1 获取组播数据是一条更优的路径。

(S,G)的表项是一种指定了组播源的组播路由表项,组播数据一旦开始转发,每一台组播路由器就会启动逆向路径转发(reverse path forwarding,RPF)检查,确保组播数据是经过最优路径送达的,此时组播数据就不再经过 RP 转发了,这个过程成为最短路径树(shortest path tree,SPT)切换。

### (三)查看组播路由表

```
<R3> dis multicast routing-table
Multicast routing table of VPN-Instance: public net
Total 1 entry

00001. (192.168.1.1, 224.1.1.1)
    Uptime: 00:27:36
    Upstream Interface: Ethernet0/0/1
    List of 1 downstream interface
        1:  GigabitEthernet0/0/0
```

组播路由表即用于组播数据转发的路由表,与 PIM 路由表中的(S,G)表项应该是一致的。

### (四)查看 IGMP 路由表

```
<R3>  dis igmp routing-table
Routing table of VPN-Instance: public net
Total 1 entry

00001. (* , 224.1.1.1)
    List of 1 downstream interface
```

```
GigabitEthernet0/0/0 (172.16.2.254),
        Protocol: IGMP
```

IGMP 路由表一般存在于最后一跳路由器中,指导路由器如何向下游的组播成员转发组播数据(维护组播成员)。

## 五、项目小结与知识拓展

### (一)组播

组播是一种基于 UDP 协议的、提供点到多点、尽力而为的数据传输服务,报文丢失、报文重复、报文失序等现象都可能出现,组播应用程序必须自己采用某种手段进行纠正。组播技术的典型应用是在线直播、网络电视、远程教育等。

### (二)组播基本概念

(1)组播组:用 IP 组播地址进行标识的一个集合。任何用户主机(或其他接收设备),加入一个组播组,就成为该组成员,可以识别并接收发往该组播组的组播数据。

(2)组播源:信息的发送者称为组播源。一个组播源可以同时向多个组播组发送数据,多个组播源也可以同时向一个组播组发送报文。组播源通常不需要加入组播组。

(3)组播组成员:所有加入某组播组的主机便成为该组播组的成员。组播组中的成员是动态的,主机可以在任何时刻加入或离开组播组。组播组成员可以广泛地分布在网络中的任何地方。

(4)组播路由器:支持三层组播功能的路由器或三层交换机。组播路由器不仅能够提供组播路由功能,也能够在与用户连接的末梢网段上提供组播组成员的管理功能。

### (三)组播地址(表 3.10.3)

表 3.10.3 组播地址

| 地址范围 | 含 义 |
|---|---|
| 224.0.0.0~224.0.0.255 | 永久组播地址 |
| 224.0.1.0~231.255.255.255<br>233.0.0.0~238.255.255.255 | ASM 组播地址,全网有效 |
| 232.0.0.0~232.255.255.255 | 缺省为 SSM 组播地址,全网有效 |
| 239.0.0.0~239.255.255.255 | 本地管理组播地址,本地有效 |

### (四)组播 MAC 地址(表 3.10.6)

```
组播 ip 地址: 224.1.1.1
二进制:
1110  0000.0    000 0001.0000 0001.0000 0001
01005E  0       000 0001.0000 0001.0000 0001

由此可以导致 2^5=32 的 ip 地址对应一个组播地址
224.0.1.1  224.129.1.1…239.129.1.1
```

图 3.10.6 组播 MAC 地址

（1）组播 IP 地址的低 23 位映射到组播 MAC 地址的低 23 位。

（2）IPv4 组播地址的前 4 位是固定的 1110，对应组播 MAC 地址的高 25 位（其中第 25 位固定为 0）；IPv4 组播地址的后 28 位中只有 23 位被映射到 MAC 地址，因此丢失了 5 位的地址信息，直接结果是有 32 个 IPv4 组播地址映射到同一 MAC 地址上。例如 IP 地址为 224.1.1.1、224.129.1.1、225.1.1.1、239.129.1.1 等组播组的组播 MAC 地址都为 01-00-5e-01-01-01，网络管理员在分配地址时必须考虑这种情况。

### （五）组播相关协议

（1）组播组管理协议（internet group management protocol，IGMP），一共有三个版本 IGMP V1、IGMP V2 和 IGMP V3，路由器默认运行 IGMP V2。①部署在组播路由器与用户主机之间，路由器配置在与主机相连的接口上。②用于在主机侧实现组播组成员动态加入与离开。在路由器侧实现组成员关系的维护与管理，同时与上层组播路由协议进行信息交互。

（2）协议无关组播（protocol independent multicast，PIM）。①PIM 包括密集模式 PIM-DM（Dense Mode）和稀疏模式 PIM-SM（Sparse-mode）。②部署在所有组播路由器上，所有参与 PIM 协议的接口都需要配置。③用于实现组播路由转发，并可以动态响应网络拓扑变化，维护组播路由表。

（3）IGMP Snooping。①部署在组播路由器和用户主机之间的二层交换机上，配置在 VLAN 内。②用于侦听路由器和主机之间发送的 IGMP 报文建立组播数据的二层转发表，从而管理和控制组播数据在二层网络中的转发。

### （六）PIM-DM

PIM-DM 的基本思路是事先假定组播成员是非常密集的，每一个下游口都可能有组播成员，因此它采用"推"的模式来转发组播数据，适合用在园区网内部。PIM-SM 的基本思路是事先假定组播成员是很松散的，大多数下游口都没有组播成员，因此其采用"拉"的模式来转发组播数据，汇聚点（rendezvous point，RP）的作用就在于此（中转站），适合用在公网上。

路由器不能同时运行 PIM-SM 和 PIM-DM，只能选择其一，本项目配置了 PIM-SM，相对来说 PIM-DM 的配置更为简单，只需在接口视图下将"PIM SM"命令改为"PIM DM"即可，同时要删除掉 static-rp 的配置，它对于 PIM-DM 来说是多余的。

# 项目十一
# 服务质量(QoS)

Internet 设计之初,是为了解决电话交换网络依赖中心结点的问题,即网络应当能够自动适应拓扑结构的变化。当拓扑变更时(比如部分线路遭到破坏),网络能够自动重新计算到达目的端的最优路径,并不需要双方事先建立可靠的连接,这也可以理解为:Internet 提供的是一种"尽力投递"的服务,本身就是无法保证数据传输成功的,或者说服务质量是没有保证的。随着 Internet 用户的爆炸式增长和各种网上业务的广泛普及,这种情况变得越来越难以接受,人们迫切需要一种在 Internet 上保证(或者改善)服务质量的流量控制机制,这即是 QoS。本项目介绍 QoS 的基本概念、工作原理和配置过程。

### 学习目标

1. 了解 QoS 的基本概念与实现原理。
2. 掌握 QoS 的基本配置。

## 一、网络拓扑图

QoS 配置如图 3.11.1 所示。

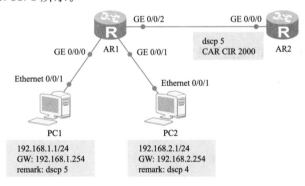

图 3.11.1　QoS 配置

## 二、环境与设备要求

(1)按表 3.11.1 的清单准备好网络设备,并依图 3.11.1 搭建网络拓扑图。

表 3.11.1　设备清单

| 设　　备 | 型　　号 | 数　　量 |
|---|---|---|
| 路由器 | AR3260 | 2 |
| 计算机 | PC | 2 |

(2)为计算机和相关接口配置 IP 地址,设备配置清单见表 3.11.2。

表 3.11.2　设备配置清单

| 设　备 | 连接端口 | IP 地址 |
|---|---|---|
| R1 G0/0/0 | PC1 | 192.168.1.254/24 |
| R1 G0/0/1 | PC2 | 192.168.2.254/24 |
| R1 G0/0/2 | R2 G0/0/0 | 10.0.12.1/24 |
| R2 G0/0/0 | R1 G0/0/2 | 10.0.12.2/24 |
| R1 Loopback 1 | — | 1.1.1.11/32 |
| R2 Loopback 0 | — | 2.2.2.2/32 |

(3)在 R1 和 R2 上部署 OSPF 路由,全网宣告。

(4)在 R1 上部署基于 DSCP 的流量分类,在 R2 上部署流量监管。

## 三、认知与配置过程

首先配置所有路由器和计算机的接口 IP 地址,全网部署 OSPF 路由,实现全网互通。

### (一)定义 ACL 匹配特定流量

```
[R1]acl 2000
[R1-acl-basic-2000]rule permit source 192.168.1.0 0.0.0.255
[R1]acl 2001
[R1-acl-basic-2001]rule permit source 192.168.2.0 0.0.0.255
```

### (二)定义流量策略

#### 1. 定义针对 ACL2000 的流量策略

```
[R1]traffic classifier tc1
[R1-classifier-tc1]if-match acl 2000
[R1]traffic behavior tb1
[R1-behavior-tb1]remark dscp 5
[R1]traffic policy tp1
[R1-trafficpolicy-tp1]classifier tc1 behavior tb1
[R1]int g0/0/0
[R1-GigabitEthernet0/0/0]traffic-policy tp1 inbound
```

#### 2. 定义针对 ACL2001 的流量策略

```
[R1]traffic classifier tc2
[R1-classifier-tc1]if-match acl 2001
[R1]traffic behavior tb2
[R1-behavior-tb1]remark dscp 4
[R1]traffic policy tp2
[R1-trafficpolicy-tp1]classifier tc2 behavior tb2
[R1]int g0/0/1
[R1-GigabitEthernet0/0/1]traffic-policy tp2 inbound
```

(三)验证 DSCP 配置是否生效

### 1. 在 PC1 上 ping 2.2.2.2，并在 AR2 的 G0/0/0 口上抓包

PC1 发送数据的抓包验证如图 3.11.2 所示。

```
∨ Internet Protocol Version 4, Src: 192.168.1.1, Dst: 2.2.2.2
     0100 .... = Version: 4
     .... 0101 = Header Length: 20 bytes (5)
   ∨ Differentiated Services Field: 0x14 (DSCP: Unknown, ECN: Not-ECT)
       0001 01.. = Differentiated Services Codepoint: Unknown (5)
       .... ..00 = Explicit Congestion Notification: Not ECN-Capable Transport (0)
     Total Length: 60
     Identification: 0xc831 (51249)
```

图 3.11.2　PC1 发送数据的抓包验证

可以看到从 192.168.1.1 发往 2.2.2.2 的 IP 包中，DSCP 字段被修改为 5，这与我们的流量策略配置是一致的。

### 2. 在 PC2 上 ping 2.2.2.2，并在 AR2 的 G0/0/0 口上抓包

PC2 发送数据的抓包验证如图 3.11.3 所示。

```
∨ Internet Protocol Version 4, Src: 192.168.2.1, Dst: 2.2.2.2
     0100 .... = Version: 4
     .... 0101 = Header Length: 20 bytes (5)
   ∨ Differentiated Services Field: 0x10 (DSCP: Unknown, ECN: Not-ECT)
       0001 00.. = Differentiated Services Codepoint: Unknown (4)
       .... ..00 = Explicit Congestion Notification: Not ECN-Capable Transport (0)
     Total Length: 60
     Identification: 0xc83c (51260)
```

图 3.11.3　PC2 发送数据的抓包验证

可以看到从 192.168.2.1 发往 2.2.2.2 的 IP 包中，DSCP 字段被修改为 4，这与我们的流量策略配置是一致的。

(四)在 AR2 上配置流量监管

```
[R2]traffic classifier tc1
[R2-classifier-tc1]if-match dscp 5
[R2-classifier-tc1]q
[R2]traffic behavior tb1
[R2-behavior-tb1]car cir 4000   //单位 Kbit/s
[R2-behavior-tb1]q
[R2]traffic policy tp1
[R2-trafficpolicy-tp1]classifier tc1 behavior tb1
[R2-trafficpolicy-tp1]q
[R2]int g0/0/0
[R2-GigabitEthernet0/0/0]traffic-policy tp1 inbound
```

上述命令将 DSCP 标记为 5 的流量限速为 4 Mbit/s。

## 四、测试并验证结果

流量标记部分,我们在实验过程中已经进行了验证。

流量监控部分,在 eNSP 模拟器中无法模拟,必须在现网中才能验证。

## 五、项目小结与知识拓展

当网络发生拥塞的时候,所有的数据流都有可能被丢弃,为满足用户对不同应用、不同服务质量的要求,需要网络能根据用户的要求分配和调度资源,对不同的数据流提供不同的服务,对实时性强且重要的数据报文优先处理;对于实时性不强的普通数据报文,提供较低的处理优先级,网络拥塞时甚至可以丢弃。QoS 在带宽有限的情况下,使用一个"有保证"的策略对网络流量进行管理,实现不同流量可以获得不同的优先服务。影响 QoS 的主要因素见表 3.11.3。

表 3.11.3  影响 QoS 的主要因素

| 流量类型 | 带　　宽 | 延　　迟 | 抖　　动 | 可 靠 性 |
|---|---|---|---|---|
| 语音 | 低 | 高 | 高 | 低 |
| 视频 | 高 | 高 | 高 | 低 |
| FTP | 低 | 低 | 低 | 高 |
| E-mail | 低 | 低 | 低 | 高 |

QoS 服务模型主要有三种:

(1)Best-Effort(尽力而为服务模型):是现在 Internet 的缺省服务模型,通过先入先出(FIFO)队列来实现,不区分服务类型。

(2)Integrated Services Model(综合服务模型):是一种最为复杂的服务模型,它需要用到 RSVP(Resource Reservation Protocol)协议。该服务模型在发送报文前,需要向网络申请特定的服务,在 Internet 骨干网上无法得到广泛应用。

(3)DiffServ Model(区分服务模型):将网络中的流量分成多个类,然后为每个类定义相应的处理行为,使其拥有不同的优先转发、丢包率、时延等,是目前应用最广的服务模型。

DS 服务模型依赖于报文分类的实现,常用的分类依据包括:VLAN 帧中的优先级字段;MPLS 帧中的 EXP 字段;IP 报文中的 TOS 字段,如图 3.11.4 所示。

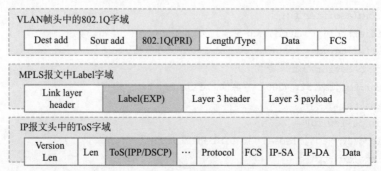

图 3.11.4  报文分类依据

最常用的分类方法是根据 ToS 字段对报文进行分类,然而 ToS 字段只有 3 bit,最多只能将报文分成 8 类,这在实际部署网络时是远远不够的。

RFC2474 中对 IPv4 报文头的 ToS 字段进行了重新定义,称为 DSCP 字段,DSCP 将 ToS 扩展到了 6 bit,最多可以将报文分成 64 类。

需要注意的是,QoS 管理一般属于网络管理员的行为,用户的业务终端一般是不会对 DSCP 进行标记的,因此我们需要一个复杂流分类方法。

复杂流分类是指根据五元组(源地址、目的地址、源端口号、目的端口号、协议号码)等报文信息对报文进行精细的分类(一般的分类依据都局限在封装报文的头部信息,使用报文内容作为分类的标准比较少见)。

复杂流分类一般应用于网络的边缘位置,报文进入边缘节点时,网络管理者可以灵活配置分类规则,一般通过 ACL 来实现,比如本项目中的 ACL2000 和 ACL2001。

流量监管 TP(traffic policing)是指对接收或发送的流量进行限速控制,为网络提供基本的 QoS 功能。TP 的典型应用是监督进入网络的流量的规格,把它限制在一个合理的范围之内,并对超出部分的流量进行"惩罚"(丢弃)。TP 通常使用承诺访问速率 CAR(committed access rate)来实现。

流量整形 TS(traffic shaping)是指限制流出网络的某一连接的流量,使这类报文以比较均匀的速度向外发送,只能对输出的流量进行速率控制,通常使用 GTS(generic traffic shaping)技术来实现。

当网络中上、下游的接口带宽不匹配时,可在上游的出接口配置流量整形,使上游发送的流量与下游接收的能力相匹配,上游接口超出规格的报文不直接丢弃,而是进行缓存,等待链路空闲的时候再发送出去。

# 项目十二
# 防火墙配置基础

在现代计算机网络的运维过程中,网络安全问题正在变得日益紧要和关键,在各种各样的网络安全事故中,轻则网络瘫痪,重则关键数据丢失,对业务的开展影响巨大(当下企业的业务流正在不断向互联网转移)。然而,绝大多数人并不了解网络安全,也不懂得如何防范,怎么才能保证网络的安全呢? 防火墙就是这样的一种设备,它内置了很多安全策略,并且允许用户自行定制各种安全策略,通常工作在园区网络的出口处,是内部网络和外部网络的连接点。本项目介绍防火墙的入门知识和常用配置。

## 学习目标

1. 掌握防火墙的工作原理。
2. 掌握防火墙的配置方法。

## 一、网络拓扑图

防火墙配置如图 3.12.1 所示。

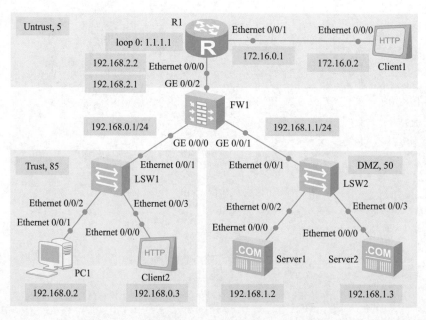

图 3.12.1　防火墙配置

## 二、环境与设备要求

(1)按表3.12.1的清单准备好网络设备,并依图3.12.1搭建网络拓扑图。

表3.12.1 设备清单

| 设　　备 | 型　　号 | 数　　量 |
| --- | --- | --- |
| 交换机 | S3700 | 2 |
| 路由器 | Router | 1 |
| 防火墙 | USG5500 | 1 |
| 计算机 | PC | 1 |
| 服务器 | Web Server | 2 |
| 浏览器 | Client | 2 |

(2)为计算机和相关接口配置IP地址,设备配置清单见表3.12.2。

表3.12.2 设备配置清单

| 设　　备 | 连接端口 | IP地址 | 备　　注 |
| --- | --- | --- | --- |
| FW1 G0/0/0 | SW1 E0/0/1 | 192.168.0.1/24 | 连接 Trust 区域 |
| FW1 G0/0/1 | SW2 E0/0/1 | 192.168.1.1/24 | 连接 DMZ 区域 |
| FW1 G0/0/2 | R1 E0/0/0 | 192.168.2.1/24 | 连接 Untrust 区域 |
| R1 E0/0/0 | FW1 G0/0/2 | 192.168.2.2/24 | — |
| R1 E0/0/1 | Client1 | 172.16.0.1/24 | — |
| R1 Loopback 0 | — | 1.1.1.1/32 | — |

(3)Trust 区域和 Untrust 区域之间能够自由互通。
(4)Trust 区域能够访问 DMZ 区域的所有 Web 服务,不能进行其他通信。
(5)Untrust 区域只能访问 DMZ 区域的特定 Web 服务,不能进行其他通信。

## 三、认知与配置过程

### (一)配置所有设备的接口 IP 地址

参考第一篇项目二配置。

### (二)配置 R1 和 FW1 上的默认路由

[R1]ip route-static 0.0.0.0 0.0.0.0 192.168.2.1
[SRG]ip route-static 0.0.0.0 0.0.0.0 192.168.2.2

### (三)配置 FW1 的接口所属区域

[SRG]firewall zonetrust
[SRG-zone-dmz]add interface g0/0/0
[SRG-zone-dmz]q
[SRG]firewall zone dmz
[SRG-zone-dmz]add interface g0/0/1

```
[SRG-zone-dmz]q
[SRG]firewall zoneuntrust
[SRG-zone-dmz]add interface g0/0/2
[SRG-zone-dmz]q
```

　　注:为方便用户使用,防火墙的 G0/0/0 口在出厂时已经配置了 IP 地址 192.168.0.1,并且被分配至了 Trust 区域,用户可按需自行修改。

　　不同区域之间是不能通信的,此时 PC1 和其他区域的计算机之间不能 ping 通。

### (四)配置 Trust 和 Untrust 区域之间的自由互通

```
[SRG]policy interzone trust untrust inbound
[SRG-policy-interzone-trust-untrust-inbound]policy   0
[SRG-policy-interzone-trust-untrust-inbound-0]policy source any
[SRG-policy-interzone-trust-untrust-inbound-0]policy destination any
[SRG-policy-interzone-trust-untrust-inbound-0]action permit
[SRG-policy-interzone-trust-untrust-inbound]q
[SRG]policy interzone trust untrust outbound
[SRG-policy-interzone-trust-untrust-outbound]policy 0
[SRG-policy-interzone-trust-untrust-outbound-0]policy source any
[SRG-policy-interzone-trust-untrust-outbound-0]policy destination any
[SRG-policy-interzone-trust-untrust-outbound-0]action permit
```

　　接下来测试 Trust 区域和 Untrust、DMZ 区域之间的连通性。

```
PC> ping 172.16.0.2
Ping 172.16.0.2: 32 data bytes, Press Ctrl_C to break
From 172.16.0.2: bytes=32   seq=1   ttl=253   time=62 ms
From 172.16.0.2: bytes=32   seq=2   ttl=253   time=31 ms
From 172.16.0.2: bytes=32   seq=3   ttl=253   time=47 ms
From 172.16.0.2: bytes=32   seq=4   ttl=253   time=62 ms
From 172.16.0.2: bytes=32   seq=5   ttl=253   time=78 ms
--- 172.16.0.2 ping statistics ---
  5 packet(s) transmitted
  5 packet(s) received
  0.00%  packet loss
  round-trip min/avg/max =31/56/78 ms
PC> ping 192.168.1.2
Ping 192.168.1.2: 32 data bytes, Press Ctrl_C to break
Request timeout!
Request timeout!
Request timeout!
Request timeout!
Request timeout!
--- 192.168.1.2 ping statistics ---
  5 packet(s) transmitted
  0 packet(s) received
  100.00%  packet loss
```

　　可以看到 Trust 区域和 Untrust 区域之间可以正常通信,但和 DMZ 区域之间不能通信。

## (五)配置 Trust 和 DMZ 区域之间的 Web 访问

```
[SRG]policy interzone trustdmz outbound
[SRG-policy-interzone-trust-dmz-outbound]policy 0
[SRG-policy-interzone-trust-dmz-outbound-0]policy source any
[SRG-policy-interzone-trust-dmz-outbound-0]policy destination any
[SRG-policy-interzone-trust-dmz-outbound-0]policy service service-set http
[SRG-policy-interzone-trust-dmz-outbound-0]action permit
```

接下来测试在 Trust 区域的 Web 访问。

Trust 区域的 Server1 测试如图 3.12.2 所示。

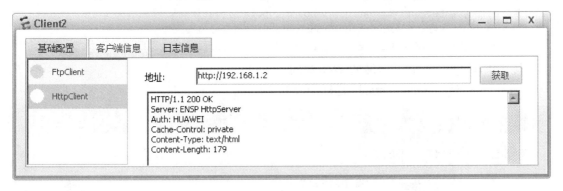

图 3.12.2　Trust 区域的 Server1 测试

Trust 区域的 Server2 测试如图 3.12.3 所示。

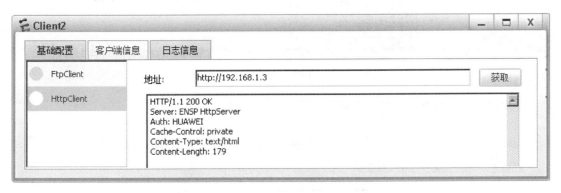

图 3.12.3　Trust 区域的 Server2 测试

可以看到在 Client2 上可以正常地浏览 DMZ 区域的所有 Web 服务器。

接下来测试 P1 和 DMZ 区域的 ping 连通性。

```
PC> ping 192.168.1.2
Ping 192.168.1.2: 32 data bytes, Press Ctrl_C to break
Request timeout!
Request timeout!
Request timeout!
Request timeout!
Request timeout!
--- 192.168.1.2 ping statistics ---
```

```
5 packet(s) transmitted
0 packet(s) received
100.00%  packet loss
```

可以看到 PC1 仍然不能 ping 通 DMZ 区域的 Web 服务器,因为我们的安全策略是仅仅放行 http 的流量。

### (六)配置 Untrust 和 DMZ 区域之间的特定 Web 访问

```
[SRG]policy interzone untrust dmz inbound
[SRG-policy-interzone-dmz-untrust-inbound]policy 0
[SRG-policy-interzone-dmz-untrust-inbound-0]policy source any
[SRG-policy-interzone-dmz-untrust-inbound-0]policy destination 192.168.1.2 0
[SRG-policy-interzone-dmz-untrust-inbound-0]policy service service-set http
[SRG-policy-interzone-dmz-untrust-inbound-0]action permit
```

接下来测试在 Untrust 区域的 Web 访问。

Untrust 区域的 Server1 测试如图 3.12.4 所示。

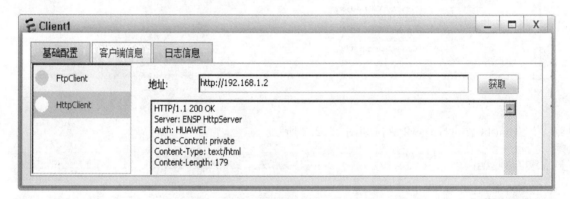

图 3.12.4  Untrust 区域的 Server1 测试

Untrust 区域的 Server2 测试如图 3.12.5 所示。

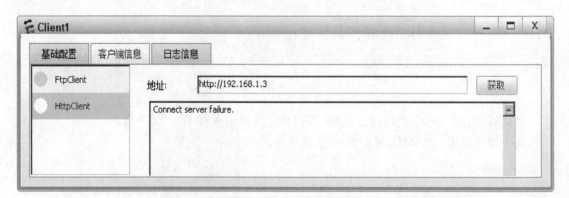

图 3.12.5  Untrust 区域的 Server2 测试

可以看到在 Client1 上可以浏览 DMZ 区域的 Server1 服务器,但不能浏览 Server2 服务器,因为我们的安全策略是放行 192.168.1.2 的 http 流量。

## 四、测试并验证结果

（1）Trust 区域和 Untrust 区域之间的访问控制与预期结果相符。

（2）Trust 区域和 DMZ 区域之间的访问控制与预期结果相符。

（3）Untrust 区域和 DMZ 区域之间的访问控制与预期结果相符。

## 五、项目小结与知识拓展

防火墙上默认有四个区域，分别是 Local、Trust、Untrust、DMZ，默认的区域优先级分别为 100、85、5、50，本项目用到了 Trust、Untrust、DMZ 三个区域。默认情况下，不同区域间是不可互通的，需要配置区域间的安全策略放行允许通过的流量。

任何两个安全区域都构成一个安全域间（interzone），并具有单独的安全域间视图，大部分的防火墙配置都在安全域间视图下配置。配置了防火墙的功能后，设备对这两个安全区域之间发生流动的数据进行检查。安全域间的数据流动具有方向性，包括入方向（inbound）和出方向（outbound）。

（1）入方向：数据由低优先级的安全区域向高优先级的安全区域传输。

（2）出方向：数据由高优先级的安全区域向低优先级的安全区域传输。

防火墙也可充当出口路由设备使用，执行 NAT 等出口路由相关的操作，下面的配置完成了从 Trust 到 Untrust 区域的 NAT 配置：

```
[SRG]nat address-group 0 100. 0. 0. 1 100. 0. 0. 99
[SRG-nat-policy-interzone-trust-untrust-outbound-0]dis this
#
policy 0
action source-nat
policy source 192. 168. 0. 0 1 mask 16
address-group 0
[SRG]nat server 0 zone untrust protocol tcp global 100. 0. 0. 100 www inside 192. 168. 1. 2 www
```

# 项目十三
# IPv6 园区网综合组网

本项目是一个基于 IPv6 协议的园区网综合配置案例,预估未来几年,IPv6 极有可能大范围地铺开建设,成为园区网络的主流组网方案,网络管理员应当提前做好技术储备。由于配置较多,不再细致地说明每一个配置步骤,只列出所有设备的配置清单,在配置的关键环节会有注释说明,学习者可以有针对性地、有选择性地进行学习。

## 学习目标

1. 掌握大型 IPv6 园区网的设计、部署与配置。
2. 掌握 OSPFv3、DHCPv6、VRRP6 在 IPv6 环境下的综合运用。

## 一、网络拓扑图

IPv6 园区网综合组网如图 3.13.1 所示。

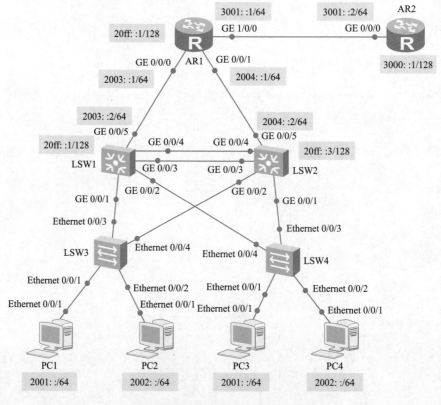

图 3.13.1　IPv6 园区网综合组网

## 二、环境与设备要求

本项目与第二篇项目十三"HCIA 综合组网"是非常相似的,相关的组网需求和配置要求也几乎相同,唯一的不同点在于要求全网采用 IPv6 协议进行组网。

## 三、配置清单

在具体配置上,IPv6 在细节处和 IPv4 略有不同,脚本的相应地方已经做了相关说明,由于配置项目过多,不再按步骤逐一说明,只列出每台设备的所有配置。

### 1. SW3 配置文档

```
<SW3> dis current-configuration
#
sysname SW3
#
vlan batch 10 20
#
cluster enable
ntdp enable
ndp enable
#
drop illegal-mac alarm
#
diffserv domain default
#
stp region-configuration
 region-name sirt
 instance 10 vlan 10
 instance 20 vlan 20
 active region-configuration
#
drop-profile default
#
aaa
 authentication-scheme default
 authorization-scheme default
 accounting-scheme default
 domain default
 domain default_admin
 local-user admin password simple admin
 local-user admin service-type http
#
interface Vlanif1
#
interface MEth0/0/1
#
interface Ethernet0/0/1
 port link-type access
 port default vlan 10
#
interface Ethernet0/0/2
 port link-type access
 port default vlan 20
#
interface Ethernet0/0/3
 port link-type trunk
 port trunk allow-pass vlan 10 20
#
interface Ethernet0/0/4
 port link-type trunk
 port trunk allow-pass vlan 10 20
#
interface Ethernet0/0/5
#
interface Ethernet0/0/6
#
interface Ethernet0/0/7
#
interface Ethernet0/0/8
#
interface Ethernet0/0/9
#
interface Ethernet0/0/10
#
interface Ethernet0/0/11
#
interface Ethernet0/0/12
#
interface Ethernet0/0/13
#
interface Ethernet0/0/14
#
interface Ethernet0/0/15
#
interface Ethernet0/0/16
#
interface Ethernet0/0/17
```

```
#
interface Ethernet0/0/18
#
interface Ethernet0/0/19
#
interface Ethernet0/0/20
#
interface Ethernet0/0/21
#
interface Ethernet0/0/22
#
```

## 2. SW4 配置文档

```
< SW4> dis current-configuration
#
sysname SW4
#
vlan batch 10 20
#
cluster enable
ntdp enable
ndp enable
#
drop illegal-mac alarm
#
diffserv domain default
#
stp region-configuration
 region-name sirt
 instance 10 vlan 10
 instance 20 vlan 20
 active region-configuration
#
drop-profile default
#
aaa
 authentication-scheme default
 authorization-scheme default
 accounting-scheme default
 domain default
 domain default_admin
 local-user admin password simple admin
 local-user admin service-type http
#
interface Vlanif1
#
interface MEth0/0/1
#
interface Ethernet0/0/1
 port link-type access
```

```
interface GigabitEthernet0/0/1
#
interface GigabitEthernet0/0/2
#
interface NULL0
#
user-interface con 0
user-interface vty 0 4
#
return
```

```
 port default vlan 10
#
interface Ethernet0/0/2
 port link-type access
 port default vlan 20
#
interface Ethernet0/0/3
 port link-type trunk
 port trunk allow-pass vlan 10 20
#
interface Ethernet0/0/4
 port link-type trunk
 port trunk allow-pass vlan 10 20
#
interface Ethernet0/0/5
#
interface Ethernet0/0/6
#
interface Ethernet0/0/7
#
interface Ethernet0/0/8
#
interface Ethernet0/0/9
#
interface Ethernet0/0/10
#
interface Ethernet0/0/11
#
interface Ethernet0/0/12
#
interface Ethernet0/0/13
#
interface Ethernet0/0/14
#
interface Ethernet0/0/15
#
interface Ethernet0/0/16
```

```
#
interface Ethernet0/0/17
#
interface Ethernet0/0/18
#
interface Ethernet0/0/19
#
interface Ethernet0/0/20
#
interface Ethernet0/0/21
#
interface Ethernet0/0/22
```

## 3. SW1 配置文档

```
<SW1> dis current-configuration
#
sysname SW1
#
ipv6
#
vlan batch 10 20 1000
#
stp instance 10 root primary
stp instance 20 root secondary
#
cluster enable
ntdp enable
ndp enable
#
drop illegal-mac alarm
#
dhcp enable
#
diffserv domain default
#
stp region-configuration
 region-name sirt
 instance 10 vlan 10
 instance 20 vlan 20
 active region-configuration
#
drop-profile default
#
aaa
 authentication-scheme default
 authorization-scheme default
 accounting-scheme default
 domain default
 domain default_admin
 local-user admin password simple admin
```

```
#
interface GigabitEthernet0/0/1
#
interface GigabitEthernet0/0/2
#
interface NULL0
#
user-interface con 0
user-interface vty 0 4
#
return
```

```
 local-user admin service-type http
#
ospfv3 1
 router-id 2.2.2.2
#
interface Vlanif1
#
interface Vlanif10
 ipv6 enable
 ipv6 address 2001::1/64
 ipv6 address auto link-local
 ospfv3 1 area 0.0.0.0
 vrrp6 vrid 1 virtual-ip FE80::1 link-
local//VRRP6要求手工配置 link-local 地址（必
须首先配置），对于 VRRP6 组的所有成员，该地址必
须相同，如果不一致就无法形成 VRRP 组。
 vrrp6 vrid 1 virtual-ip 2001::3
 vrrp6 vrid 1 priority 120
 dhcpv6 relay destination 2003::1
#
interface Vlanif20
 ipv6 enable
 ipv6 address 2002::1/64
 ipv6 address auto link-local
 ospfv3 1 area 0.0.0.0
 vrrp6 vrid 2 virtual-ip FE80::2 link-local
 vrrp6 vrid 2 virtual-ip 2002::3
 dhcpv6 relay destination 2004::1
#
interface Vlanif1000
 ipv6 enable
 ipv6 address 2003::2/64
 ipv6 address auto link-local
 ospfv3 1 area 0.0.0.0
#
interface MEth0/0/1
```

```
#
interface Eth-Trunk0
 port link-type trunk
 port trunk allow-pass vlan 10 20
#
interface GigabitEthernet0/0/1
 port link-type trunk
 port trunk allow-pass vlan 10 20
#
interface GigabitEthernet0/0/2
 port link-type trunk
 port trunk allow-pass vlan 10 20
#
interface GigabitEthernet0/0/3
 eth-trunk 0
#
interface GigabitEthernet0/0/4
 eth-trunk 0
#
interface GigabitEthernet0/0/5
 port link-type access
 port default vlan 1000
#
interface GigabitEthernet0/0/6
#
interface GigabitEthernet0/0/7
#
interface GigabitEthernet0/0/8
#
interface GigabitEthernet0/0/9
#
interface GigabitEthernet0/0/10
#
interface GigabitEthernet0/0/11
#
interface GigabitEthernet0/0/12
```

### 4. SW2 配置文档

```
<SW2> dis current-configuration
#
sysname SW2
#
ipv6
#
vlan batch 10 20 1000
#
stp instance 10 root secondary
stp instance 20 root primary
#
cluster enable
```

```
#
interface GigabitEthernet0/0/13
#
interface GigabitEthernet0/0/14
#
interface GigabitEthernet0/0/15
#
interface GigabitEthernet0/0/16
#
interface GigabitEthernet0/0/17
#
interface GigabitEthernet0/0/18
#
interface GigabitEthernet0/0/19
#
interface GigabitEthernet0/0/20
#
interface GigabitEthernet0/0/21
#
interface GigabitEthernet0/0/22
#
interface GigabitEthernet0/0/23
#
interface GigabitEthernet0/0/24
#
interface NULL0
#
interface LoopBack0
 ipv6 enable
 ipv6 address 20FF::2/128
 ospfv3 1 area 0. 0. 0. 0
#
user-interface con 0
user-interface vty 0 4
#
return

ntdp enable
ndp enable
#
drop illegal-mac alarm
#
dhcp enable
#
diffserv domain default
#
stp region-configuration
 region-name sirt
 instance 10 vlan 10
```

```
instance 20 vlan 20
 active region-configuration
#
drop-profile default
#
aaa
 authentication-scheme default
 authorization-scheme default
 accounting-scheme default
 domain default
 domain default_admin
 local-user admin password simple admin
 local-user admin service-type http
#
ospfv3 1
 router-id 3. 3. 3. 3
#
interface Vlanif1
#
interface Vlanif10
 ipv6 enable
 ipv6 address 2001::2/64
 ipv6 address auto link-local
 ospfv3 1 area 0. 0. 0. 0
 vrrp6 vrid 1 virtual-ip FE80::1 link-local
 vrrp6 vrid 1 virtual-ip 2001::3
 dhcpv6 relay destination 2003::1
#
interface Vlanif20
 ipv6 enable
 ipv6 address 2002::2/64
 ipv6 address auto link-local
 ospfv3 1 area 0. 0. 0. 0
 vrrp6 vrid 2 virtual-ip FE80::2 link-local
 vrrp6 vrid 2 virtual-ip 2002::3
 vrrp6 vrid 2 priority 120
 dhcpv6 relay destination 2004::1
#
interface Vlanif1000
 ipv6 enable
 ipv6 address 2004::2/64
 ipv6 address auto link-local
 ospfv3 1 area 0. 0. 0. 0
#
interface MEth0/0/1
#
interface Eth-Trunk0
 port link-type trunk
 port trunk allow-pass vlan 10 20
```

```
#
interface GigabitEthernet0/0/1
 port link-type trunk
 port trunk allow-pass vlan 10 20
#
interface GigabitEthernet0/0/2
 port link-type trunk
 port trunk allow-pass vlan 10 20
#
interface GigabitEthernet0/0/3
 eth-trunk 0
#
interface GigabitEthernet0/0/4
 eth-trunk 0
#
interface GigabitEthernet0/0/5
 port link-type access
 port default vlan 1000
#
interface GigabitEthernet0/0/6
#
interface GigabitEthernet0/0/7
#
interface GigabitEthernet0/0/8
#
interface GigabitEthernet0/0/9
#
interface GigabitEthernet0/0/10
#
interface GigabitEthernet0/0/11
#
interface GigabitEthernet0/0/12
#
interface GigabitEthernet0/0/13
#
interface GigabitEthernet0/0/14
#
interface GigabitEthernet0/0/15
#
interface GigabitEthernet0/0/16
#
interface GigabitEthernet0/0/17
#
interface GigabitEthernet0/0/18
#
interface GigabitEthernet0/0/19
#
interface GigabitEthernet0/0/20
#
```

```
interface GigabitEthernet0/0/21
#
interface GigabitEthernet0/0/22
#
interface GigabitEthernet0/0/23
#
interface GigabitEthernet0/0/24
#
interface NULL0
#
```

## 5. AR1 配置文档

```
<R1> dis current-configuration
[V200R003C00]
#
 sysname R1
#
 board add 0/1 1GEC
#
 snmp-agent local-engineid 800007DB030000
00000000
 snmp-agent
#
 clock timezone China-Standard-Time minus
08:00:00
#
 portal local-server load flash:/portalpa
ge. zip
#
 drop illegal-mac alarm
#
 ipv6
#
 wlan ac-global carrier id other ac id 0
#
 set cpu-usage threshold 80 restore 75
#
dhcp enable
#
dhcpv6 pool pv10
 address prefix 2001::/64
 excluded-address 2001::1 to 2001::3
#
dhcpv6 pool pv20
 address prefix 2002::/64
 excluded-address 2002::1 to 2002::3
#
aaa
 authentication-scheme default
 authorization-scheme default
```

```
interface LoopBack0
 ipv6 enable
 ipv6 address 20FF::3/128
 ospfv3 1 area 0. 0. 0. 0
#
user-interface con 0
user-interface vty 0 4
#
return
```

```
 accounting-scheme default
 domain default
 domain default_admin
 local-user admin password cipher % $ %
$ K8m. Nt84DZ}e# < 0`8bmE3Uw}% $ % $
 local-user admin service-type http
#
 ospfv3 1
 router-id 1. 1. 1. 1
 default-route-advertise always
#
firewall zone Local
 priority 15
#
interface GigabitEthernet0/0/0
 ipv6 enable
 ipv6 address 2003::1/64
 ipv6 address auto link-local
 ospfv3 1 area 0. 0. 0. 0
 dhcpv6 server pv10   //AR 系列路由器仅支
持单 IPv6 地址池
#
interface GigabitEthernet0/0/1
 ipv6 enable
 ipv6 address 2004::1/64
 ipv6 address auto link-local
 ospfv3 1 area 0. 0. 0. 0
 dhcpv6 server pv20
#
interface GigabitEthernet0/0/2
#
interface GigabitEthernet1/0/0
 ipv6 enable
 ipv6 address 3001::1/64
 ipv6 address auto link-local
#
interface NULL0
#
```

```
interface LoopBack0
 ipv6 enable
 ipv6 address 20FF::1/128
 ospfv3 1 area 0.0.0.0
#
 ipv6 route-static :: 0 3001::2   //指向运营
商的缺省路由
 #
```

### 6. AR2 配置文档

```
<R2> dis current-configuration
[V200R003C00]
#
 sysname R2
#
 snmp-agent local-engineid 800007DB030000
00000000
 snmp-agent
#
 clock timezone China-Standard-Time minus
08:00:00
#
 portal local-server load flash:/portalpa
ge.zip
#
 drop illegal-mac alarm
#
 ipv6
#
 wlan ac-global carrier id other ac id 0
#
 set cpu-usage threshold 80 restore 75
#
aaa
 authentication-scheme default
 authorization-scheme default
 accounting-scheme default
 domain default
 domain default_admin
 local-user admin password cipher % $ %
$ K8m.Nt84DZ}e# < 0`8bmE3Uw}% $ % $
 local-user admin service-type http
```

```
user-interface con 0
 authentication-mode password
user-interface vty 0 4
user-interface vty 16 20
#
wlan ac
#
return
```

```
#
firewall zone Local
 priority 15
#
interface GigabitEthernet0/0/0
 ipv6 enable
 ipv6 address 3001::2/64
 ipv6 address auto link-local
#
interface GigabitEthernet0/0/1
#
interface GigabitEthernet0/0/2
#
interface NULL0
#
interface LoopBack0
 ipv6 enable
 ipv6 address 3000::1/128
#
 ipv6 route-static 2000:: 8 3001::1   //IPv6
环境下不存在私网地址,也无须考虑 NAT 等网络配
置项,运营商需要配置指向企业网络的明细路由
#
user-interface con 0
 authentication-mode password
user-interface vty 0 4
user-interface vty 16 20
#
wlan ac
#
Return
```

# 参考文献

[1] 塔嫩鲍姆. 计算机网络:第 4 版[M]. 潘爱民,译. 北京:清华大学出版社,2004.

[2] 田果,刘丹宁,余建威. 网络基础[M]. 北京:人民邮电出版社,2017.

[3] 田果,刘丹宁,余建威. 高级网络技术[M]. 北京:人民邮电出版社,2019.

[4] 郑华. 计算机网络技术[M]. 北京:中国电力出版社,2016.

[5] 郑华. 多层交换技术实训教程[M]. 北京:电子工业出版社,2009.